钻石,女人最好的朋友

谢浩 著

WUHAN UNIVERSITY PRESS
武汉大学出版社

图书在版编目(CIP)数据

钻石,女人最好的朋友/谢浩著.—武汉:武汉大学出版社,2013.9
时尚宝石
 ISBN 978-7-307-10773-1

Ⅰ.钻… Ⅱ.谢… Ⅲ.钻石—选购 Ⅳ.TS933.21

中国版本图书馆 CIP 数据核字(2013)第 100411 号

责任编辑:夏敏玲 责任校对:刘 欣

出版发行:**武汉大学出版社** (430072 武昌 珞珈山)
 (电子邮件:cbs22@whu.edu.cn 网址:www.wdp.com.cn)
印刷:湖北恒泰印务有限公司
开本:889×1194 1/24 印张:6.5 字数:187 千字
版次:2013 年 9 月第 1 版 2013 年 9 月第 1 次印刷
ISBN 978-7-307-10773-1 定价 39.00 元

"新婚必读"

　　钻石，这个可以"永流传"且有着不菲身价的宝石之王，一旦购买不慎，或买了以后不喜欢，或买贵了，或买了假货，金钱损失是一方面，还会影响好心情。为了降低这种风险，身边的朋友买钻饰时自然会来求助于我。

　　在与朋友们沟通的过程中我发现大家基本上属于两种情况，要么对钻石没有丝毫概念，只能全权委托我；要么就是有一堆非常低幼的问题和顾虑。无论哪种情况，都是钻石知识严重匮乏的表现。时间久了，自然而然萌发了为大家写书科普一下的想法。

　　专业界的朋友知道后也非常支持，戏称我的这本普及读物应该叫"新婚必读"，因为大多数人的第一件钻石饰品往往是订婚钻戒，这种钻石启蒙知识对于他们来说太重要了。

　　在这个物质极度丰富的时代，珠宝早已不再是贵族的专利，而成为现代人追求时尚、体现个性的消费品，钻石更是如此。无论你是否即将购买钻饰，了解一点珠宝知识，尤其是钻石知识是十分必要的。不做购买者，做一个有品位、有鉴赏能力的欣赏者也不错。

　　下笔开始写本书时，我发现，多年的"购买顾问"算是没有白当，它使我可以自始至终都站在消费者的立场上，使我能够用通俗的语言去解答一些疑惑或者顾虑，比如钻石的产地影响品质吗？钻石有假的吗？南非钻石是最好的吗？什么是4C？什么是"美心钻"？钻戒的成本如何估算？……涵盖钻石的真伪鉴别、品级评定、选购保养以及投资等各个方面，并且由浅入深，融启蒙与进阶于一册。

　　真心希望这本书不但能让你全面了解钻石，还能够更正一些由于不当商业宣传造成的错误"常识"；希望每一位阅读者都成为钻石商不敢怠慢的珠宝达人。

目 录 Contents

第一章

入门级钻石知识

古希腊人传说：钻石是诸神的眼泪，是星星陨落在地上的碎片。正因为太稀有珍贵，钻石成为女人的最爱。

玛丽莲·梦露唱道，"钻石是女人最好的朋友"，她唱出了所有女人的心声。

"钻石恒久远，一颗永流传"

"钻石恒久远，一颗永流传"，这句广告语谁都不会感到陌生。它堪称广告宣传的经典，如今它已成为爱情与婚姻的代名词。

虽然这句广告语已经深入人心，但有几个人了解它所蕴含的深长意味呢？让我们一起剖析一下这句广告语，你会有意外的发现。

其实"恒久远"正是说明了钻石形成于一个极其漫长的历史过程。钻石的形成是一个令人心醉的奥秘，它从地心走到我们面前，其间经历了漫长的时间和神奇的旅程。

火山爆发让人望而生畏，然而这惊天动地的大自然壮景对于钻石来说却是其独有的"生育"历程。30亿年前钻石在地心极高温、极高压的岩浆烈焰中孕育而成，随着母体生育般的火山爆发轰轰烈烈地来到了人间。含有钻石的岩浆被火山喷发带到地球表层，形成钻石原生矿床；另一方面，地球表层经受风雨的侵蚀、河流的冲蚀，钻石矿物和表土被冲走，形成冲积砂矿。

你知道吗，从开采的矿岩中把钻石分离出来并不是一件容易的事情，需要经过爆破、挖掘、破碎、分选等诸多步骤。最后，数十吨的矿岩中才能够产出不到1克拉（1克拉=0.2克）的钻

坯，而这其中只有大约20％可以被加工成宝石，其他绝大部分只能作为工业用途。由此，钻石的珍稀可见一斑吧。

钻石的成分最是单纯，同铅笔芯中的石墨一样，它就是纯的碳，但经过自然神奇而不可思议的力量，成为自然界最坚硬的物质。3000年前，当印度人首先发现这种无坚不摧的石头时，它立刻成为权力的象征。相传，爱神丘比特的箭尖上就镶有钻石，因此人们认为钻石具有爱情的魔力，并用钻石来象征纯洁爱情的坚贞永恒。

"恒久远"毫不夸张地说明了钻石无与伦比的耐久性。宝石从自然界3000多种矿物中脱颖而出靠的就是美观、稀少、耐久这三大法宝。宝石耐久性的一个主要方面就是耐磨损，这很大程度上取决于宝石的硬度。矿物学上将矿物的硬度分为10级，而钻石的硬度正是其他任何宝石都无法企及的10级，是自然界最坚硬的物质。钻石一词最早源于法文diamant，而法文又是来源于古希腊文的adamant一词，意思正是"坚硬无敌、不可战胜"。

摩氏硬度表

摩氏硬度	标准矿物	摩氏硬度	标准矿物
1	滑石	6	正长石
2	石膏	7	石英
3	方解石	8	黄玉
4	萤石	9	刚玉
5	磷灰石	10	金刚石

空气中有尘埃，可你知道这些尘埃物质的主要成分是什么吗？石英。在摩氏硬度表中可以清楚地看到石英的硬度是7。试想一下，如果你的宝石的硬度远远小于7会怎么样呢？没错，在这种情况下，无论你多么爱惜它，也阻止不了空气中的尘埃磨损它。那么，这样的宝石也就不可能耐久了。

我的一个朋友曾经用各种颜色的宝石做过一条手链。她非常喜欢磷灰石的颜色，不顾我的劝阻在手链上镶了一粒磷灰石，结果几个月后，其他宝石都还光彩依旧，而她最喜欢的磷灰石已经面目全非了。

相反，我们再来看看钻石的情况，钻石是自然界最坚硬的物质，一旦切割成型，在日常佩戴过程中不可能有任何自然磨损。毕竟空气中不是处处漂浮着金刚粉，因而钻石永远都散发着最初切割时的光芒。

除了异常坚固之外，钻石的化学性质也相当稳定。自然界有些物质，比如碳酸盐类的东西就会与酸发生化学反应。比较常见的例子是汉白玉。许多政府大楼门口常常摆放有汉白玉雕的石狮。这些石狮在户外风吹雨淋，几年后表面就会出现化学腐蚀的痕迹。一些有机宝石，比如珍珠、珊瑚则更是娇气，我们日常生活中用到的日化用品甚至是我们的汗液都会对它们产生轻微的腐蚀，所以这些东西都很难达到真正意义上的"永流传"。就连我们知道的化学性质很稳定的金，也会溶于王水。然而，任何的强酸强碱却都奈何不了钻石，更不用说日常生活中可能接触到的日化用品了。因此，钻石是真正意义上可以"永流传"的宝石哦。

现在你是不是对这句早已熟悉的广告语有了更深的认识呢？真正经典的广告，打动人心，却又毫不夸张。

钻石缘何成为"宝石之王"？

　　钻石的美丽世人有目共睹，那璀璨耀眼的光芒正是女人无法抗拒的诱惑。这美丽得益于钻石出类拔萃的光学性质。

　　你是否觉察到钻石表面的光芒异常耀眼？宝石表面的反光强度专业上称为"光泽"。光泽取决于宝石本身的折射率值和抛光质量两个方面。其中折射率值是硬件，抛光质量是软件。也就是说，宝石的折射率值越高，在抛光良好的时候能够出现的光泽就越强。如果硬件条件不好，即折射率值不高的话，抛光再好，光泽也是有限的。

　　钻石的折射率值高达2.417，而绝大部分宝石的折射率值介于1.50～1.80，与钻石相差甚远。钻石表面的光泽是非金属物质里最强的金刚光泽，而绝大部分普通宝石表面的光泽是与普通玻璃相似的玻璃光泽。

　　在欣赏钻石的时候，你是否注意到原本无色的钻石竟然闪烁着美轮美奂的彩色光芒？这个现象在专业里称为"火彩"，俗语叫做"出火"。在市场上经常听到人们说"火好不好"指的就是这个。"出火"是由于钻石对自然光线的色散造成的。我们都知道太阳光是由七彩光混合而成

的，雨后天晴光线经过大气散射后分解，我们就能够看见彩虹。同样，自然光线进入钻石后，经过刻面的折射也可以被分解，于是，我们看到了彩虹一般的"火彩"。

光线从空气中进入宝石时会发生折射，不同波长的色光发生偏折的角度不同，红光的偏折角度最小，紫光的偏折角度最大，这样光线就被宝石分解开，从而形成肉眼可见的彩色。我们用宝石材料在红光和紫光下的折射率的差值来具体量化宝石分解光线的能力，这个差值叫做色散值。色散值越大，分解光线的能力就越强，宝石的"火彩"就越明显。钻石的色散值是所有天然无色宝石中最大的，高达0.044，而绝大部分宝石的色散值小于0.020，所以钻石的"火彩"也是所有天然无色宝石中最强的。

这个自然界最坚硬的物质，以其无可比拟的璀璨光芒荣登"宝石之王"的宝座，实在是当之无愧！

钻石并不是坚不可摧的

　　我曾经听过一个关于钻石的"笑话"：两个开采钻石的矿工找到一粒很大的钻坯，一个人说："听说钻石是世界上最硬的东西，不知道到底有多硬？"另一个人说："这还不简单，用锤子砸一下就知道了。"结果这粒倒霉的大钻坯被砸成了好几个小碎块。这个"笑话"实在是太冷了，而且让我的心情很沉重，因为据我所知，这是一个真实发生在我国某钻矿的事情。且不说这两位矿工师傅是多么缺乏对钻石的了解，殊不知这一锤子下去，损失的经济价值真是无法估量。真希望这仅仅是一个故事。

　　其实，除了故事中的这两位矿工师傅，不少朋友都会认为，钻石既然是自然界最坚硬的物质，就应该坚不可摧。这实在是非常危险的想法，钻石不是"巨无霸"！我需要格外澄清一点，我们说钻石是最坚硬的物质指的是它的抗刻划能力。它可以是"无坚不摧"，但并非"坚不可摧"。钻石能够划动任何东西不假，但是耐划可不等于耐摔哦！恰恰相反，钻石的脆性比较大，抗击打的能力是有限的，大家佩戴钻石时一定要淑女一些，切不能做野蛮女友，否则钻石很有可能在受到强烈撞击后出现V形的小缺口。

　　当然，你也大可不必紧张得从此不敢戴钻石饰品了，正常佩戴不会有任何问题。万一真的不幸出现了V形缺口，也不必遗憾懊恼，甚至怀疑钻石的真伪，我告诉你一点知识，或许能让你获得少许安慰。V形缺口虽然是佩戴不当对钻石造成的不可挽回的损失，但从鉴别钻石的角度来说，这也不失为一条不错的鉴定证据。缺口之所以是V形的，这是钻石的物理性质使然，不是随便什么东西受到撞击后都能破损得这么规整的。

　　讲到这里，不由得想起我们老祖宗讲的一些道理。古人说佩玉能修身养性，因为玉性脆、易碎，所以佩玉之人行为收敛、动作斯文、慢条斯理，久而久之自然而然人的修养得到提高，性情变得温和。想想这真是真理啊，不仅玉石，佩戴钻石抑或任何一种昂贵的珠宝首饰又何尝不是如此呢。就拿我自己来说，多年下来囤积了些贵重的宝石做成首饰自己戴，因为每件都价格不菲，佩戴时那叫一个小心。不戴首饰时我走路脚下生风，佩戴首饰时自己都能感觉到斯文了很多。

　　如果你的钻戒或者其他首饰还在家里压箱底，别犹豫，赶紧拿出来戴吧。这绝对不是虚荣，而是修身养性哦！

南非钻石品质更好吗?

几年前，我的一个朋友到南非旅游时购买了一粒钻石，回来后兴冲冲地拿给我看。我告诉她，钻石倒是不错，就是价格有点贵。谁知朋友一听钻石是真的早已经眉开眼笑，对我说："南非的钻石好，贵点就贵点吧。"我当时很无语，不理解朋友为什么会有这样的想法。

可是慢慢的，随着找我咨询的朋友越来越多，我发现有着类似想法的不在少数。南非钻石就真的如很多朋友想的那样品质更好吗？其实这完全是个对钻石的认识误区。

南非确实是世界著名的钻石产地，很多闻名于世的大钻都产自这里，比如"库里南"、"非洲之星"、"世纪钻石"等，有些商家在出售钻石时也有意或者无意地宣传所销售的是"南非钻石"。这与其说是宣传，不如说是误导，使得消费者很自然地认为南非的钻石是最好的钻石。你若是学过点钻石知识，就会知道这种想法没有根据，然而不少缺乏相关知识的人对这种误导深信不疑，还很积极地向身边的朋友宣讲。更不幸的是，这种以讹传讹往往比正确的信息传播得更快更广。久而久之，致使很多消费者相信南非的钻石是最好的，有人挑选钻石时非南非钻石不买，甚至有少数偏激的朋友认为除了南非的钻石是真钻石，其他地方的钻石都是假钻石。消费者有了这样的心态，商家便会迎合，就会更加大张旗鼓地宣传，从而形成了一个误导、以讹传讹、再误导的恶性循环。真实的情况是什么样子的呢？让我来告诉你吧。

首先你要清楚，南非绝对不是钻石唯一的产地。公元前800年，印度人在恒河流域首先发现钻石。最初，印度是钻石唯一的产出国和输出国。18世纪末，南非发现钻石矿，开始大规模开采。1905年，迄今为止最大的钻石原石"库里南"的产出使得南非钻石声名大噪。到了19世纪中叶，南非成了产钻大国，世界总产量的90%来自那里。

今天，全球有二十多个国家开采钻石，但用作首饰的钻石有一半以上来自非洲南部，扎伊尔、博茨瓦纳、南非以及纳米比亚都是产钻大国。然而南非也并不是今天最大的产钻国，澳大利亚才是目前钻石产量最多的国家，其储量占全球的26%，其中宝石级约占5%。

此外，你要知道，确定宝石的产地并非容易的事情。事实上，只有很少数的宝石，宝石学家可以根据其内含物特征判定其产地；绝大部分宝石，尤其是像钻石这样纯净无瑕的宝石，一旦切割成型，根本无法证明产地。如果我是商家，当被问道"这个钻石是哪里产的"这样的问题时，我会毫不犹豫地告诉你——南非。其实我不知道是哪里产的，可是有什么关系呢，没人知道，但是我知道你希望听到的答案，这就够了。所以千万不要再纠结于钻石的产地了，这是一个毫无意义而且愚蠢的问题。

不论哪里产出的钻石，其成分、结构、性质都是完全一样的，决定钻石品质的不是产地而是4C！如果你了解过钻石，你一定听说过4C标准（具体将在下一章详细介绍），这是一个全球统一遵循的评价钻石的体系。4C指的是颜色、净度、切工和重量，其中并没有包括产地，可见产地并不是评价钻石品质的因素，当然也不会对钻石的品质或者价格有任何影响。

现在相信你再也不会被商家误导，认为"南非钻石"高人一等了吧。

第二章

4C钻石选购策略

你了解4C吗？

4C是对于钻石品质科学评定体系的简称，20世纪50年代才逐步形成系统，最早由美国宝石学院GIA提出并推广，如今已为珠宝界和广大消费者认同和接受。这个系统在评价钻石时从颜色（Color）、净度（Clarity）、切工（Cut）和克拉重量（Carat）四个方面进行，由于这四个词的英文第一个字母都是C，所以被称为4C分级体系。

我们在市场上见到的钻石基本都是无色至微黄色的，这种颜色系列被称为"好望角系列"，几乎占到了自然界产出钻石的98%。现行的"4C"分级体系只对"好望角系列"的钻石的颜色进行划分，我国的国家标准将这部分钻石的颜色划分为12个连续的级别。完全无色的钻石非常罕见，仅占万分之一的比例。色级越高的钻石在自然界中产出的比例越小，价值也越高。

净度是指钻石内部和外部所具有的瑕疵的严重程度，共分为5个大级，10个小级。天然钻石几乎没有绝对纯净的，只要肉眼看不到的瑕疵，都不会影响钻石的美观和耐久性，反而使钻石更具天然性。

切工的好坏直接影响钻石的美观。完美的切工令钻石的光泽、火彩和闪烁效果达到最佳。这是4C标准中唯一一个可以人为控制的因素，绝对不可以掉以轻心。我国国家标准将钻石切工分为很好、好、一般三个级别。

钻石的重量以克拉为单位，1克拉＝0.2克＝100分，市场上常见的钻石重量集中在15～50分。重量越大，价格自然越高。

4C分级能全面反映钻石的品质和外观、稀有性和价值，在钻石商贸中起着至关重要的作用。

目前国际钻石业普遍遵循这一品质评定体系，并且形成了基本一致的分级标准和较为统一的品质术语。因此，权威机构出具的4C分级证书成为钻石的身份证，得到世界各国的普遍认可。

Color——什么颜色的钻石最好?

　　现在我们在商城里见到的钻石基本上都是无色的，即"好望角系列"钻石。对于这个系列的钻石，颜色应该越白越好，但其实钻石的颜色并不都是这样的。除了"好望角系列"的颜色，钻石还可以有黄色、绿色、粉色、蓝色等显著的颜色。这些具有显著颜色的钻石称为"彩钻"，天然产出的彩钻，除了褐色和黄色外，至少与无色的钻石一样稀有。因此颜色的好坏，对钻石来说有两个含义，一个是白的程度，一个是彩的程度。我们将在后面详细介绍彩钻，现在我们要探讨的仅仅是"好望角系列"的钻石。

　　看起来无色、近无色的钻石，其实或多或少都带有一定的黄色调，这些钻石的颜色从白到微黄按照英文字母的顺序被分成从D色到Z色，一共23个级别。我国的国家标准是从D色到N色以及＜N色，一共12个级别。色级越高代表钻石的颜色越白，越稀少，价值也越高。色级＜N的钻石很少用作首饰，更多应用于工业。

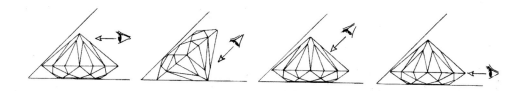

常常有学生问我，为什么最高色级不从A色开始呢？其实我也不确定这是什么原因，不过我猜想这也许正是美国人严谨的一种表现，考虑到未来可能开采出来比现有最白的还要更白的钻石，宝石学家预留了三个级别。当A、B、C色级的钻石出现时，一定会引起国际珠宝界的轰动哦。

钻石颜色分级是在专业的实验室环境和专业的钻石分级灯照射下，由专业人员完成的。虽然你不是专业人员，也没有专业设备，但你仍然可以按照下面介绍的方法，自己尝试对钻石颜色进行分级。

你需要挑选一个晴朗的早上，准备一张白纸，将白纸一折为二，把钻石台面朝下放在折缝处。利用北方的光线从各个角度观察钻石的颜色。由于太阳光的强度随时间地点变化，光线的组成也存在变化。清早和傍晚，太阳光中红光居多，而中午则以蓝光为主。为了更准确地观察钻石的颜色，观察的时间最好选在早上9点至11点。切不可在黄昏或者暖色的灯光下进行。

　　如果钻石表面的火彩影响你观察颜色，你可以对着钻石哈一口气，水汽能盖住表面强烈的反光和火彩，有利于你观察到正确的颜色。一般来说，肉眼能够觉察到黄色调的钻石，其颜色级别在H以下。

　　对于镶嵌好的钻石首饰，颜色分级的准确性就大打折扣了，因为观察角度受到限制，而且，如果首饰采用有色金属镶嵌，金属的颜色会干扰对钻石颜色的观察。比如黄金镶嵌的钻石，看起来会比实际的颜色更黄。

　　有些商人会在钻石包装上耍花招，他们将钻石衬在浅蓝色的背景上，由于黄色和蓝色是互补色，这样原本有较明显黄色调的钻石看起来就不那么黄，甚至是很白了。

　　我个人认为，对于普通消费者来说，H-I色是性价比最高的理想选择，镶嵌后看不出黄色，价格也不像高色级那样令人咋舌。如果你对颜色很敏感，觉得H色还是有点黄的话，也可以考虑F-G色。通常我不建议普通消费者选择D-E色级，相比稍低一些的色级来说，我个人认为D-E色级的性价比较低。

　　相信几乎不会有人愿意买色级＜N的钻石，因为这时的钻石看起来黄色调很明显，价值也不高。你是不是在想，黄色调明显不就变成彩钻了，价值应该很高才对吧。事实上，只有当钻石的颜色比Z色更黄时，它的颜色才能达到彩钻的要求。此时钻石的价值又会升高，而且颜色越浓，价值越高。好的黄钻的价值跟无色钻石一样甚至更高。物极必反的道理在这里同样适用哦。

　　至于其他颜色的钻石，颜色或深或浅都可以称为彩色钻石。在彩色钻石当中，红色和绿色是极为罕见的，其次是红紫色、紫色、橙色、粉红色和蓝色。市场中较常见的彩色钻石以黄色和棕褐色为主，而明亮的黄色钻石更具经济价值。

　　彩色钻石十分罕见，据统计，每出产1万颗宝石级钻石，才可能有一颗彩色钻石，产出率仅为1／10000。而粉红色、绿色、红色、亮黄色钻石以特有的艳丽色彩和璀璨光泽更为珍贵稀有，拥有致命的魔力，令世人痴迷倾倒。

影片《泰坦尼克号》的巨大成功在全球掀起了追寻彩钻的热潮。不过影片中那令人神往的"海洋之心"并非真实存在，它的原型是现存于美国华盛顿史密森博物馆，有着传奇经历的蓝色名钻"希望"。"希望"又被称为"噩运之钻"，在进博物馆之前，它的每一任主人都在拥有它之后的短时间里死于非命，但是它奇特悲惨的经历丝毫没有减弱人们对它的遐想和向往。也许"希望"不希望自己的美被个人所拥有，而是希望更多的公众能够有机会亲眼目睹它的美艳，慑服于它的光芒，所以博物馆才是它最理想的归宿。

拥有一颗彩色钻石是许多人梦寐以求的，当然并不是每个都能实现这个愿望。2004年著名节目主持人李湘的婚戒曾令无数人向她投去羡慕的目光。这枚戒指上镶嵌着一颗来自南非普米尔的三克拉粉钻，可谓价值连城。但是这粒被高调炫耀过的钻石并没有成就一段"钻石婚"，反而因为其巨大的价值让婚姻蒙上功利的阴影。

我见过很多漂亮的宝石，但从不会因为得不到它们而感到遗憾，很多时候，懂得欣赏也是一种享受。

Clarity——买钻石一定要VVS?

　　谁都希望自己的钻石完美无瑕，但是作为自然界的产物，在几十亿年的漫长孕育岁月里，周围环境的任何变化都会以不同的方式在钻石里留下痕迹。完全没有任何瑕疵的钻石几乎是不存在的，钻石里或多或少有着这样或那样的瑕疵。瑕疵固然不是我们希望看到的，但是不影响钻石美观的瑕疵不仅能够证明钻石的天然性，还使得每粒钻石都与众不同、独一无二，因此我们完全没有必要在情感上排斥钻石中的瑕疵。

　　我们用净度来描述钻石的瑕疵情况，净度级别按照国家标准由高到低分为5个大级，10个小级，由训练有素的专业人员在专用宝石10倍放大镜下划分。

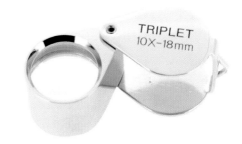

　　值得注意的是，国际通行的净度级别与我国的国家标准在代表级别的字母表达上稍有不同。无瑕级（LC）国际通行的表达方式

钻石净度等级

大级	小级	瑕疵情况
无暇LC	LC	钻石在10倍放大镜下未见任何瑕疵
极微瑕VVS	WS$_1$	钻石有极小的瑕疵，10倍放大镜下极难观察
	WS$_2$	钻石有极小的瑕疵，10倍放大镜下很难观察
微瑕VS	VS$_1$	钻石有很小的瑕疵，10倍放大镜下较难观察
	VS$_2$	钻石有很小的瑕疵，10倍放大镜下较易观察
小瑕SI	SI$_1$	钻石有较明显的瑕疵，10倍放大镜下容易观察
	SI$_2$	钻石有较明显的瑕疵，10倍放大镜下很容易观察
瑕疵P	P$_1$	钻石有明显的瑕疵，肉眼可见
	P$_2$	钻石有明显的瑕疵，肉眼易见
	P$_3$	钻石有明显的瑕疵，肉眼极易见

是FL（Flawless）或IF（Internal Flawless），瑕疵级（P）的表达方式是I（Inclusion），其他级别标志相同。虽然国家标准与国际通行标准在这两个级别上的表达方式有所不同，但级别的实际含义是相同的。

　　由于商家的大肆宣传，很多消费者买钻石就认准VVS，而根本不知道VVS是什么意思，殊不知还有比VVS更好的净度级别呢。我在做钻石检测的过程中曾遇到过明明是LC的钻石，商家却强烈要求不要在证书上写LC这个更好的级别，而非要写VVS。这种现象在钻石检测过程中很普遍，起初我非常不理解，明明净度很好，为什么商家却更愿意降级出证书呢？最后还是商家一语道破：

"消费者不认识LC，你写个LC级他还以为不好，费半天口舌解释，搞不好人家还以为你是奸商，干脆就写VVS，大家都高兴。"

有时想想，商家说的也有点道理，谁让消费者就认得VVS呢，但更多时候我觉得还是应该向消费者普及4C的知识。

其实，对于没有经过专业训练的普通消费者来说，除了P级，LC、VVS、VS和SI这几个级别根本没有什么区别，钻石的外观不会受到任何影响，肉眼看起来不会有任何差别。即使使用放大镜，没有经过训练的眼睛也不会发现什么差别哦。如果不是以收藏为目的，仅仅佩戴的话，完全没有必要一味地追求VVS，相比之下，对于普通佩戴消费来说，我个人觉得VS-SI的钻石性价比更高。

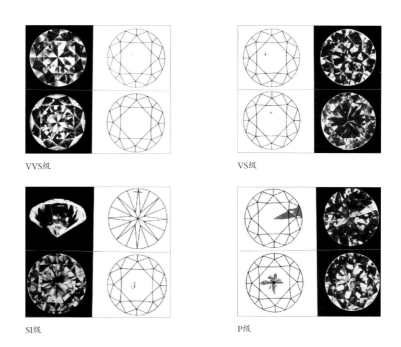

VVS级

VS级

SI级

P级

我从不建议购买P级的钻石，一方面因为P级钻石的瑕疵肉眼可见，影响美观；更重要的是很多P级钻石的严重瑕疵影响到钻石的耐久性。现在不少电视购物节目里大肆叫卖的"南非真钻"，价格很是诱人，往往还带有鉴定证书。常常有朋友或学生来问我，电视购物里卖的钻石是真的吗？怎么那么便宜？首先，你并不用怀疑那些钻石的真伪，既然带有检测证书，当然是真的钻石。不过，你要知道，国家标准对分级的钻石有起分重量的规定，电视购物里所售卖的钻石通常达不到起分的重量要求，因而检测机构出具的证书上只有钻石的名称，是没有级别的。价格如此之低的真钻，你当然不能对它们的级别抱很高期望。这些产品所选用的基本上都是P级钻石，有些甚至是严重威胁耐久性的P_3级。虽然是真钻石，但颜色级别、净度级别都很低，比工业钻强不了多少，没有什么价值，钻石的美观也由于严重的瑕疵大打折扣。

Cut——什么样的切割最完美?

我们在市场上见到的钻石大多采用一种相同的切割方式——标准圆钻型切割。这种切割方式在钻石的开采利用历史里经历了漫长的演变过程，是人们在不断的实践中逐步摸索出来的能够最好展现钻石特色的切割方式。因而目前市场上绝大部分钻石都是采用的这种标准切割方式。既然切割方式都一样，怎么知道切割质量的优劣呢?

20世纪90年代，日本的山下金作先生发明了一种用于观察钻石切工优劣的小型仪器——钻石切工镜（也被称为"丘比特镜"）。在切工镜下，理想比例的钻石可以出现奇特的现象：从钻石正上方切面俯视，可以看到大小一致、光芒璀璨且对称的八支箭，从钻石的正下方观察则呈现出完美对称、饱满的八颗心，好像爱神丘比特之箭射中了爱人的心，因此，拥有这样完美切割的钻石被称为八心八箭。

完美对称的八颗心和八支箭、精确无瑕的切工令人赞叹不已，八心八箭凝聚一体，蕴含"邂逅、钟情、暗示、梦系、初吻、缠绵、默契、山盟"八个美丽意境。精准切工象征钻石的完美，八心与八箭互相对称，就像爱神丘比特的来访，通过心与箭的映照，让爱情坚定不移。八心八箭

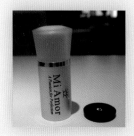

钻石切工镜

从台面看

从亭部看

绽放出的耀眼、璀璨的光芒，更将爱情来临时令人目眩神迷的情境作了最完美的诠释。

　　一时间这种完美切割的钻石成为亲密爱人们追捧的对象，而八心八箭也赋予了婚戒独有的收藏价值，成为了完美切割的代名词。不过你要知道，八心八箭并不是什么新的钻石切割方式，只是切割比例非常完美、对称非常好的标准圆钻型切割。

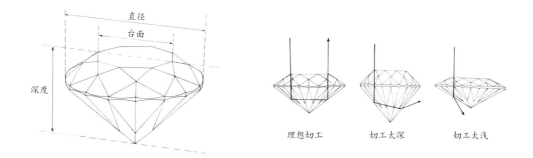

理想切工　　　　切工太深　　　　切工太浅

钻石切工评价

	一般	好	很好	好	一般
台宽比	≤50	51~52	53~66	67~70	≥71
冠高比	≤8.5	9.0~10.5	11~16	16.5~18	≥18.5
腰厚比	0~0.5,极薄	1~1.5,薄	2~4.5,适中	5~7.5,厚	≥8.5,极厚
亭深比	≤39.5	40~41	41.5~45	45.5~46.5	≥47
底尖比			<2,小	2~4,中	≥4,大
全深比	≤52.5	53~55.5	56~63.5	64~66.5	≥67
冠角	≤26.5°	27°~30.5°	31°~37.5°	38°~40.5°	≥41°

注：表中各种比例都是与钻石直径的百分比值。

我国国家标准将钻石切割比例优劣分为三个级别。

切割比例的好坏直接影响钻石的外观效果。理想的切割比例会让进入钻石的光线全部从钻石冠部折射出来，钻石的光泽和火彩都得到完美展现；比例不好的钻石，光线会从底部漏掉，从而使钻石看起来暗淡无光。

挑选钻石时，其实只要是肉眼看起来光泽、火彩都很好的，切工都不会太差。如果你不放心，不妨多投资几十块钱，准备一个钻石切工镜看看能否见到八心八箭。钻石比例越完美，所观察到的"心"和"箭"也就越完整和对称。不过根据GIA对其鉴定过的60000多颗钻石的统计，仅有3％的钻石可以满足很好切工比例的标准。而在一百万颗钻石中仅仅有一颗钻石可成为真正的八心八箭钻石。所以八心八箭钻石的价格比同级别的切割很好的钻石贵，但是二者肉眼看起来应该是没有什么差别的。

精美绝伦的花式切割

　　除了标准圆钻切割之外，钻石还有很多切割方式，所有其他这些切割方式统称为花式切割。一些普通花式切割的钻石，比如水滴形、马眼形等，其价格相对于同级别的标准圆钻型切割钻石来说往往便宜不少。这是因为，标准圆钻型切割，钻石的成品率较低，比较费原料。而花式切割可以最大限度地利用原料，出成率较高。但是一些拥有专利的花式切割钻石，其价格会高于同级别的标准圆钻切割钻石。

　　通常越是大的钻石原料，采用花式切割的概率越高，世界著名的一些大钻名钻几乎都是采用的花式切割。这是因为对于极为难得的大钻坯，切割时首要考虑的是最大限度保留成品重量。大钻的切割加工极为耗时，最著名的例子要数目前世界第三大钻"世纪钻石"，从599克拉的钻坯到273克拉的成品，从设计切割方案、试切磨到正式切割完成，整个过程历时三年之久！因此，这些花式琢型的大钻，无论是设计成本还是切割费用，都远远高于标准圆钻型钻石。

九心一花

　　花式切割的钻石在国内珠宝市场上不太容易见到，但却是很多收藏者的大爱。很多花式切割方式都拥有专利，钻石经过巧妙的设计切割，不单是顶级的宝石，同时还成为顶级的艺术品。如果你有这方面的收藏兴趣，还有一点你需要了解，花式切割钻石的净度分级尺度相对要宽松一些。同样的瑕疵对于标准圆钻型钻石可能净度级别只能定到VS，而对于花式切割钻石来说可能就达到VVS了。

　　九心一花切割钻石拥有100个切割面，较一般标准切割多用15%～17%的原石。从正面观看，钻石呈现出完美对称的"九心"及中间被围绕着的花形图案。九个完美的"心"，代表着长久而永恒的爱；而中间的"花"，则象征生命中闪亮的一颗星，唯一的挚爱。九心一花十分珍贵，最能代表情人终极的爱。

　　芬奇切割，由以色列钻石设计师Shlomo Cohen设计。钻石拥有62个刻面，采用精确的黄金分割比例，使中心呈现五角星图案。这样的比例曾用于希腊巴台农神殿和古玛雅太阳神庙，设计师从中获得灵感，从而赋予钻石庄严神圣的美感。芬奇切割目前已经获得日本、以色列、比利时、美国等国的设计专利。

芬奇切割

Carat——巧妙算计钻石重量

好朋友的妹妹结婚买了个钻戒，好朋友要我去帮忙看一下，我问她钻石有多大，她想了想告诉我"二两吧"。我当时真是惊愕得半天说不出话来，然后，笑得差点儿岔气。她实在是对钻石的重量太没有概念了，殊不知钻石的重量是以克拉（Ct）为单位的，1克拉＝0.2克＝100分，目前市场上常见的钻石重量集中在15分至50分，超过1克拉的钻石在商场里都不太多见，通常需要预定。若真有"二两"的钻石，我们不妨算一下，那就有500克拉了，现存最大的成品钻石，镶嵌在英国女王权杖上的"非洲之星"也不过530.2克拉呢。

钻石重量越大越罕见，自然价格也越贵。但是钻石的价格与重量之间并非线性关系。什么意思呢？举个简单的例子，假如现在一颗1克拉的钻石卖10万元，那么同级别的2克拉的钻石价格绝对不会是20万元，而可能是30万元或者更高。物以稀为贵，这与稀少性密切相关。

现在随着一些珠宝网站的兴起，购买裸钻定制首饰成为一种时尚。我也经常帮身边即将结婚的朋友们定制钻戒，这样不但能确保钻石和款式都满意，更重要的是比直接购买成品钻戒省钱得多，所以这也是我很推崇的一种消费方式。不过购买裸钻时，除了挑选满意的颜色和净度级别，钻石的重量可得好好算计，因为钻石的重量可是大有玄机的。

钻石的分级体系较为完善，国际上分级标准也相对统一，所以钻石有较为稳定的国际报价。如果你看过国际钻石报价表（见本书附录2），你就会发现，报价表首先将钻石的重量分成很多区间，同一重量区间中再根据颜色、净度级别不同来报价。国际报价表中所报的是这一级别钻石的克拉单价，其单位是"百美元"。也就是说，同一重量区间中，颜色、净度级别相同的钻石，克拉单价是相同的！而钻石的克拉单价在一些重量整数关口会有较大的涨幅，这个现象在行业里称为"克拉溢价"。

明白这一点对你决策所要购买钻石的重量至关重要。也许现在你还不太明白，不要急，举个例子来实际计算一下，你就能清楚地知道这其中的玄机。

假如你想购买一颗40分左右、VVS_1、H色的钻石。让我们来看一下报价表，30～39分的钻石是一个重量区间，查表可以看到，VVS_1、H色的报价是24。报价的单位是"百美元"，也就是说，在30～39分这个重量范围内，VVS_1、H色的钻石每克拉的价格是：24×100=2,400（美元），那么39分的钻石的价格是：

2,400×0.39＝936（美元）

40～49分的钻石是另一个重量区间，这个区间VVS_1、H色的每克拉价格是3,000美元，那么这时40分钻石的价格是：

3,000×0.40＝1,200（美元）

41分钻石的价格是：

3,000×0.41＝1,230（美元）

你看出什么玄机了吗？同样是重量相差1分，41分和40分钻石的价格仅仅相差30美元，约合人民币200元；而40分和39分钻石的价格相差高达264美元，约合人民币1,700元！其实，这样的三颗钻石放在一起，肉眼几乎看不出任何大小的差别。

至此，精明的你想必已经非常清楚选购钻石时应该如何抉择其重量了吧。没错，应该在我们能够接受的价格范围内挑选报价表上某一个重量区间的上限，而不要选它上一个重量区间的下限。就像上面所举的例子，同等颜色、净度条件下，选39分的钻石比选40分的钻石要划算得多。

虽然定制钻石首饰有很多好处，但也有一些风险和不便，目前大部分消费者可能还是更愿意直接购买成品。成品首饰上钻石的重量没办法称量，只能看商家标签。有些眼尖的朋友会发现，重量标注相同的两颗钻石看起来明显不一样大，是不是钻石重量有水分呢？有没有什么办法能检验一下钻石的重量呢？

镶嵌好的钻石虽然不能把它撬下来复称，但确实是有办法可以估算出钻石重量的。市场上绝大部分钻石都采用标准圆钻切割，所以可以根据钻石的直径估算出重量。

钻石重量与直径对照表

重量（克拉）	直径（mm）	重量（克拉）	直径（mm）
0.04	2.2	1.5	7.4
0.1	3.0	2	8.2
0.25	4.1	2.5	8.9
0.5	5.2	3	9.3
1	6.5	5	11.0

不过，估算的误差比较大，我们并不能通过这种估算来排除商家在钻石重量上做猫腻的可能性。比如39分的钻石，标签写到40分，甚至41分，镶嵌以后是看不出来的。当然这只是一种可能性，绝大部分情况下，商家标签上标注的钻石重量是可信的。这种钻石重量相同看起来却不同的情况，主要还是款式的缘故，有些款式会显得石头很大，有些款式则相反，会显得石头偏小，这个我在后面会详细介绍，这里就不再赘述。

认识三大国际权威检测机构

　　尽管全球有很多著名的独立钻石分级实验室，但最知名和最具国际权威性的还是美国珠宝学院（GIA）。美国珠宝学院是一个非营利性机构，主要从事珠宝教育、科研和鉴定。它与比利时钻石高阶层议会（HRD）和国际宝石学院（IGI）一起并称为世界三大权威钻石检测机构。全世界几乎1/3多的钻石都经过这些实验室鉴定，所有这些证书都得到国际承认。

一、美国珠宝学院（GIA）

　　美国珠宝学院于1931年在洛杉矶成立，作为世界宝石界的权威，以它的公正而闻名。

　　自从1953年Richard T. Liddicoat创立并推广国际钻石分级体系到现今，GIA成为世界上最受敬重和最具权威的钻石分级和鉴定机构。GIA通过发现、传授以及应用宝石学知识，来确保珠宝钻石的公信力。

　　事实上，GIA钻石分级报告和GIA钻石档案被认为是世界第一的钻石证书，各种形状和大小的钻石从世界各地送到学院进行分析分级。

GIA颁发两种钻石证书，一种是1克拉以上的钻石所用的钻石分级报告书GIA Diamond Grading Report，另一种是专门为1克拉以下所发行的GIA Diamond Dossier，这两种证书的差别是，1克拉以下的证书比较小，而且没有画出钻石内含物示意图。

GIA的突破性研究及其本身的教育、实验和设备开发过程几乎就是珠宝工业成长的编年史。

二、比利时钻石高阶层议会（HRD）

比利时钻石高阶层议会总部坐落于世界钻石中心比利时的安特卫普，是自1973年起服务于国际钻石行业的独立的非营利性机构。

比利时钻石高阶层议会发布三种证书：

HRD钻石证书保证了钻石的真实性并判定赝品或者人工钻石的可能性。当然，证书也包含了完整的钻石品质描述，包括形状、重量、净度级别、荧光、颜色级别、规格、比率度和抛光级别。这些特有的品质决定了钻石的价值。

HRD钻石鉴定报告主要面对1克拉以下钻石，是高效和快捷的服务。

HRD钻石颜色证书关注于决定有色钻石价值的详细特征，比如颜色的描述、颜色的成因和发光。它在检测钻石是自然有色还是人工改色方面有着重要地位。

三、国际宝石学院（IGI）

国际宝石学院1975年成立于世界钻石中心安特卫普，是目前世界上最大的独立珠宝首饰鉴定实验室，在全球各大钻石交易中心（安特卫普、纽约、多伦多、迪拜、东京、香港、特拉维夫、洛杉矶、孟买）共设有12个实验室，被称为"消费者身边的权威鉴定所"。

作为世界三大权威鉴定机构中真正意义上唯一的跨大洲全球性实验室，IGI解决了各个实验室分级标准有差异的问题。一直以来，以其稳定性受到业界的广泛推崇，著名的Mont Blanc、

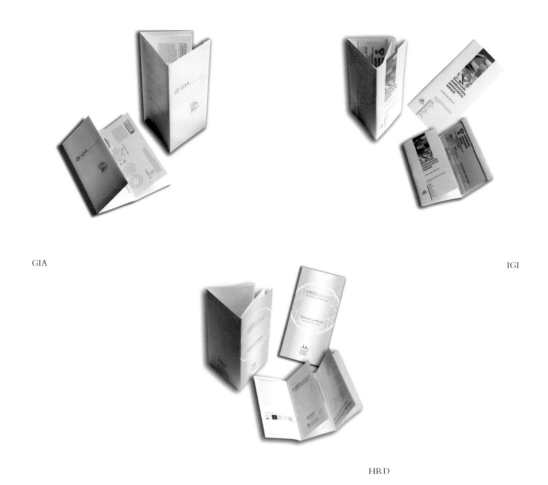

GIA

IGI

HRD

Cartier、Escada等国际品牌都选择IGI提供鉴定或培训服务。

　　IGI证书做工精良，提供的信息细致直观，并把钻石腰部的激光刻字拍成照片印在证书上，并提供诸如八心八箭、九心一花的暗室照片，便于消费者辨认并核对所购买的钻石。

看懂钻石国际身份证

1克拉以下的GIA钻石会用激光束将证书编号刻在钻石腰围上（其中GIA三字为空心字母），作为识别GIA钻石身份的证明。

钻石鉴定证书被称为评价钻石品质的第五个C，即Certification，它是对钻石真伪以及综合品质的全面记录，因此也被称为钻石的"身份证"。

权威机构所出具的鉴定证书是具有国际公信力的，尽管不同的实验室所设计的证书版面有所不同，但涉及的内容大同小异。下面我们就以新版GIA钻石分级报告书为例，一步步教你看懂钻石的身份证。

1. Laser Inscription Registry：镭射编码

每一张GIA鉴定书都有一个独一无二的证书编号，这个编号在GIA的数据库中都有记录，你可以用这个编号在GIA官方网站查询确认证书的真伪。

2. Shape and Cutting Style：钻石的琢型和切割方式

（1）Round Brilliant：圆明亮型，也称为标准圆钻型

（2）Emerald Cut：祖母绿型

（3）Marquise Brilliant：马眼明亮型，也称为橄榄明亮型

（4）Heart Brilliant：心形明亮型

（5）Quardillion：四方明亮型，也称为PRINCESS CUT，公主型

3．Measurements：测量尺寸

（1）圆明亮型：从左至右三个数字分别表示钻石的最小直径、最大直径和全深（台面到底尖的高度），如果最大直径和最小直径的偏差超过1.6％，表示该钻石的圆度欠佳。

（2）花式切割：从左至右三个数字分别表示钻石的长度、宽度和深度。

4．Carat Weight：克拉重量

5．Color Grade：颜色级别

GIA将钻石颜色分为23个级别，从D色一直分到Z色，这与我国的国家标准稍有差别。

6．Clarity Grade：净度级别

分为10个级别，具体划分详见本章第三节。

7．Cut Grade：切工级别

（1）Excellent：非常好

（2）Very Good：很好

（3）Good：好

（4）Fair：一般

（5）Poor：差

8．Finish：修饰度

包括Polish（抛光）和Symmetry（对称），通常有六级说明。

（1）Excerllent：非常好

（2）Very Good：很好

（3）Good：好

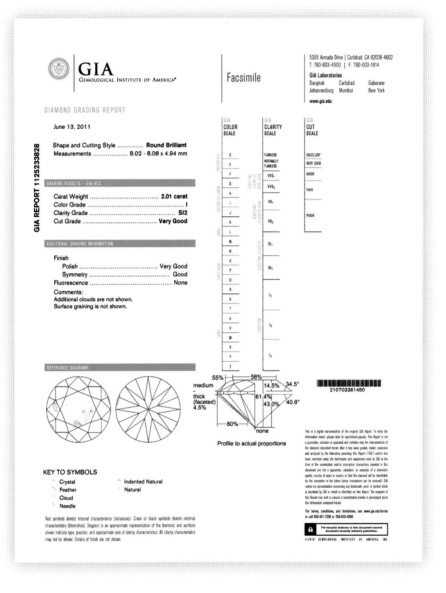

（4）Fair to Good：较好

（5）Fair：一般

（6）Poor：差

9. Fluorescence：荧光

指钻石在紫外线下的发光强度，弱荧光对钻石价值影响不大，中等强度以上的荧光会对钻石价格有不同程度的负面影响。通常有下列六级说明。具有荧光反应的钻石在荧光强度后面会注明荧光的颜色。

（1）None：无

（2）Faint：极弱

（3）Weak：弱

（4）Medium：中

（5）Strong：强

（6）Very Strong：很强

10．Comments：备注

补充一些无法列入上述内容的钻石特征。

11．Additional Inscription：额外刻字

依你的要求可以将钻石的品牌名称或自行附加的私人留言镌刻在钻石腰部，与钻石鉴定书编号一起成为这颗钻石独一无二的标志。标准的八心八箭切工钻石会刻上"H&A"标志。

12. Reference Diagrams：参考示意图

　　左边是钻石净度示意图，标注出钻石内外部瑕疵的部位和类型。右边是钻石切工示意图，标注了钻石各部分的详细比例。

13. Key To Symbols：符号说明

（1）外部特征

符号（绿色）	英文	中文
	Extra Facet	多余小面
	Natural	原始晶面
	Pit	缺口
	Nick	伤痕
	Scratch	刮伤
	Surface Graining	表面纹理
	Polish Lines	抛光纹
	Abrasion	磨痕

（2）内部特征

符号（红色）	英文	中文
〜	Feather	羽状纹
∥	Cleavage	解理裂纹
·	Pinpoint	针尖
○	Included Crystal	浅色包体
	Dark Included Crystal	深色包体
◬	Knot	表面晶体
⬭	Cloud	云雾
／	Needle	针状物
⋯	Internal Graining	内部纹理
⚡	Twinning Wisp	双晶纹
✳	Grain Center	内部纹理节
⊙	Laser Drill Hole	激光孔
∧	Chip(small/large)	破口
⬬	Cavity	空洞
⌒	Indented Natural	内凹原晶面
✕	Bruise	击痕

第三章

辨别钻石真伪

　　大家购买钻石最担心的问题之一就是怕买到假货。的确，市场上充斥着各式各样的假货，如何才能练就一双火眼金睛，从容应对呢？

名称里带"钻"的就是钻石吗？

市场上的钻石仿制品品种非常多，而且常被冠以"××钻"的名称，如"水钻"、"美星钻"、"苏联钻"等。这些名称里带"钻"字的宝石其实根本不是钻石，它们到底是什么呢？

水钻

水钻，顾名思义就是"水货钻石"，最早指的就是玻璃，现在成为钻石仿制品的统称。

其实，所有无色透明的东西都可能用来仿钻石，天然的无色透明宝石、合成或者人造的无色透明物质、玻璃，等等。至于仿得像不像，就要看仿制品的性质与钻石的性质是否接近了。所以，水钻可能是任何东西，但一定不是真正的钻石。

钻石能成为宝石之王，自有它的独到之处，在自然光线下，钻石的光彩永远是水钻无法企及的。

苏联钻

苏联钻，学名叫做合成立方氧化锆，简称CZ，是目前公认的综合性质最接近钻石的材料，也

就是钻石的最佳仿制品。它首先由原苏联推出，所以冠名为苏联钻，现在市场上也常常错误地称之为锆石（锆石是一种天然宝石的名称）。

尽管CZ的综合外观效果很像钻石，但它的色散值为0.065，比钻石的0.044高出不少，因此它的火彩明显强于钻石。这一点就足以让经过训练的专业人员将CZ与钻石区分开来。

CZ作为一个人工合成产品，价格非常低廉，外观效果却很完美。如果仅仅作为装饰，CZ倒是值得推荐的物美价廉的选择。

美星钻

美星钻，也叫美神莱，其实就是大名鼎鼎的莫桑石。

莫桑石，学名叫作合成碳硅石，由美国C3公司在1998年研制成功，其多项物理特性都与钻石非常相似，被形象地称为"钻石的克隆者"。

尤其是在试钻笔下，莫桑石能显示出与钻石完全一样的现象，这使得很多消费者非常惶恐，

钻石	CZ	莫桑石

因为以前十拿九稳的试钻笔现在不是百分之百灵验了。于是，莫桑石让很多消费者望而生畏，似乎真的成了钻石的克隆品，无法鉴别。

事实果真如此吗？当然不是！莫桑石毕竟不是钻石，虽然其很多性质与钻石相似，但也有一些性质与钻石相去甚远，足以其使其暴露无遗。

莫桑石的刻面棱重影现象

　　首先，莫桑石的色散值高达0.104，远远高于钻石，这就导致它的火彩效果远远强于钻石。通常，钻石同时出现彩色的刻面数量不是很多，而莫桑石则到处是彩光，"火"得一塌糊涂。

　　其次，莫桑石是双折射的宝石，双折射率高达0.043。这使得莫桑石在10倍放大镜下很容易观察到刻面棱重影现象，而钻石是绝对不会有重影出现的！

　　莫桑石的合成成本比CZ高很多，因而价格也比CZ高得多。相当于1克拉钻石大小的莫桑石的市场售价约1,500元，而同等大小的CZ，价格仅为十几元。尽管莫桑石能骗过试钻笔，但用专业的眼光看，其仿钻效果并不如CZ。如果你只想找个仿钻戴着玩，大可不必买莫桑石，无论从外观效果还是价格考虑，我都建议首选CZ。CZ切割得好也可以有"八心八箭"的效果，即使是八心八箭的CZ，价格也不过百十元。

有试钻笔就能高枕无忧？

试钻笔是一种根据导热性质设计制作的专门用于区分钻石和仿钻的仪器，也叫热导仪。常识告诉我们，金属的导热性比非金属好，但是钻石是非金属里面的例外，它的导热性比绝大部分的金属都要好，远远高于其他的非金属。试钻笔正是利用钻石的这一性质而研制的一种鉴定仪器。其原理其实很简单，试钻笔的笔尖是一个热敏探头，当遇到导热性非常好的物质时，热敏探头会探测到瞬间温差并转换为电流，从而使回路上的蜂鸣器发出嘀嘀的蜂鸣声。

在莫桑石问世之前，这个仪器可谓所向披靡。只要用它测试宝石，发出蜂鸣声的就是钻石，没声的就不是钻石。钻石的导热性比很多金属还要好，其他的非金属宝石根本无法跟钻石相比。但你要知道，试钻笔只能用来测宝石，你如果用它测金属，一样会发出蜂鸣声，因为金属的导热性也很好啊。

像试钻笔这样使用简单，不需要什么专业知识，测试结果非A即B的仪器是消费者最喜爱的。不少消费者认为买钻石，只要有试钻笔在手，就能高枕无忧。可是莫桑石的横空出世让这些消费者惶恐不已。为什么呢？试钻笔不是百分之百灵验了，它无法区分钻石和莫桑石。

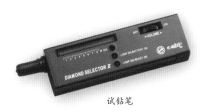

试钻笔

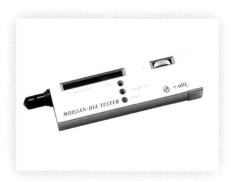

莫桑石笔

莫桑石的导热性同钻石一样好，用试钻测试，其现象与钻石一样。那么，现在我们只能说，如果一个宝石在试钻笔下没有蜂鸣声，肯定不是钻石；而发出蜂鸣声，就有两种可能，或是钻石，或是莫桑石。

不过，消费者完全没有必要惶恐，因为除了前面介绍的鉴别方法，市场上还有专门配合试钻笔一起使用的莫桑石笔。当试钻笔发出嘀嘀的蜂鸣声时，再用莫桑石笔就可以区分到底是钻石还是莫桑石了。

肉眼也能识别钻石吗？

对于钻石，不用过分依赖仪器，应该相信你自己的眼睛。其实专业人员鉴定钻石除了用10倍放大镜，主要也是靠肉眼。下面就介绍几种简单的肉眼识别钻石的方法。

外观

仔细观察外观能获得非常重要的信息。重点应该观察表面光泽、火彩强度和棱线情况，必要的时候可以借助10倍放大镜。

钻石表面的光泽非常耀眼，是金刚光泽。不过光泽完全要靠主观判断，没有办法精确量化，因此需要一定的经验积累哦。

钻石的火彩是所有天然无色宝石中最强的，但很多人造材料的火彩却明显强于钻石。从钻石的亭部观察，通常同时出现彩色闪光的刻面数量为3~5个，并且以橙色、蓝紫色为主。如果宝石出现色彩丰富的闪光，且闪光刻面数量远远超出5个，就很值得怀疑。

钻石是自然界最坚硬的物质，一旦切割成型就没有任何自然磨损，因而无论什么时候钻石的

钻石棱线锋利平直，严格交于一点

仿钻棱线圆滑，没有交于一点

棱线都非常平直锋利，给人刀锋般犀利的感觉。如果宝石的棱角看起来有圆滑的感觉或者磨损严重，那肯定不会是钻石了。

油笔测试

你有没有尝试过用油性笔在玻璃上写字？结果是什么样的呢？字迹变得断断续续，油结成了一个个小油珠。这是因为玻璃的性质是排斥油的，绝大部分仿钻材料的这个性质与玻璃相同，都是斥油的，而钻石却是亲油的。

油性笔在钻石表面画出连续的线条　　　　油性笔在仿钻的表面画出断续的线条

因此，我们可以利用钻石的亲油斥水性来检验钻石。油性笔只有在钻石上画线，才可以得到连续的线条，否则线条都会断续。当然，当钻石很小，笔又很粗的时候，线条是否断续很难看清楚，因而使用这种方法时要慎重哦。

透视实验

前面在介绍钻石的完美切工时我们已经说过，如果按照理想比例切割，光线进入钻石，会在亭部经过两次全内反射，然后全部由冠部射出。

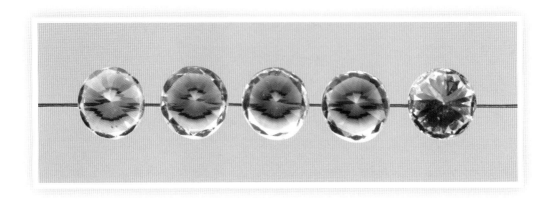

　　那么想象一下，如果将钻石倒过来，台面向下放在画有黑线的白纸上，垂直向下观察，能不能透过钻石看到下面的黑线呢？结果当然不能了，因为没有光线能从亭部出来。一般的仿钻切工都较差，亭部往往漏光，那么用同样的方法进行观察，仿钻总能够或多或少透出下面的黑线。

　　当然，这个方法不是绝对可靠。一方面，它取决于钻石的切工质量。如果钻石的切割比例不当，造成亭部漏光，我们同样能透过它看到纸上的黑线。另一方面，一些折射率高的材料，比如锆石，当切割比例很好的时候，亭部也是不漏光的，那么我们用这个方法也不可能透过它看到纸上的黑线。

会不会买到合成钻石？

早在20世纪50年代，美国和瑞士就成功合成了工业级钻石；1971年De Beers首次成功合成了宝石级钻石。

合成钻石与天然钻石的化学成分、晶体结构、物理性质完全相同，只是生长环境是高温高压的实验室。所以，合成钻石不同于那些水钻，常规方法很难鉴别。

但你完全不必为此而惊慌失措，目前整个市场上天然钻石仍然占绝对主导地位，合成钻石进入市场的比例非常微小。这主要有两个方面的原因：一方面，合成钻石虽然比较难鉴别，但专业检测机构仍然可以从技术上检验它；另一方面，从成本的角度考虑，合成钻石需要价格高昂的高温高压设备，其成本并不比开采天然钻石的成本低，加之市场又不认可，这样就不如开采天然钻石了。

目前，市场上正规商场所销售的都是天然钻石。质检部门和监管部门都做好了技术准备，随时防范合成钻石流入市场。

我们不排除随着时间的推移，合成成本终有低于天然开采成本的那一天。到那时，合成钻石也许会给市场带来不小的冲击，但至少近10年不会！而且，长久以来，天然钻石在人们心中所确立的地位是合成钻石难以替代的。

头发可以变钻石

2007年9月，美国"生活之宝"公司宣布，他们用音乐巨匠贝多芬的头发成功合成了三颗品质完美的蓝色钻石，让这位巨匠的生命在钻石中得到永恒。该公司声称，他们从人体头发中提取出碳元素，与原料碳核结合，在高温高压环境下合成钻石。这种钻石被称为"发之钻"。

"发之钻"的颜色有蓝、绿、红、黄和无色五种，只要你登录"生活之宝"公司的网站，在订单中选好自己喜欢的颜色和形状，再寄去一小撮头发和足够的钱，在很短的时间里就能拿到一颗具有特殊意义的"发之钻"。

这样具有个性和特殊含义的钻石，很快受到了世界各地时尚人士的青睐。人们用这种方式表达对心上人的爱意，对新生命降生的纪念，或对逝者的怀念。

你同样可以为自己定制"发之钻"，不过价格也许会令你咋舌。"发之钻"的价格根据颜色和制作难度有所差异。定制30分以下最便宜的黄钻，价格在人民币2万元左右；而规格最高、制作难度最大的蓝钻，1克拉则要人民币约15万元，这样的价格甚至超过了同级别的天然无色钻石。

　　"发之钻"究竟有没有收藏价值呢？答案完全取决于你更看中哪个方面。

　　从品质的角度出发，"发之钻"毕竟不是天然的钻石，只是一种合成产品，完全能够被检验出来。正如前面所说，合成钻石很难替代天然钻石在人们心中的地位。

　　但是，从个人情感角度出发，"发之钻"也许就是无价之宝了。如果它代表的是你对爱人无限的爱意，或者是你对亲人无限的哀思，那么多少钱也不足以体现它的价值。但是这种情感价值无法变现，因为一旦出售，情感价值就没有意义了。

图片来源：生活之宝官方网站

第四章

选购适合自己的钻戒

在欧洲，从15世纪开始，交换钻戒已经成为订婚时的一种礼仪。今天，这项传统依然深深地吸引着世界各地的每一对新人。在所有的结婚物品之中，钻戒最为珍贵。它的珍贵甚至超越了其本身的价值，因为它代表着一种公开的永恒承诺。

对于如此重要的物品，你做好购买前的准备了吗？

首先你必须确定自己的需求。你是否还在各大品牌之间徘徊？是否了解自己的手寸？是否知道自己适合戴什么款式的？

你必须有足够的4C和贵金属知识，这样才能够走出各种消费误区。你是否能看懂钻戒内侧的印记？是否知道哪些款式可能将钻石置于脱落的危险境地？

你还必须学会估算钻戒成本，这样才能够根据预算做到理性消费，而不至于掉进各种消费陷阱。

是不是觉得要准备的东西超乎想象？别着急，让我帮你一起准备。

品牌是否决定钻戒价值?

　　在挑选钻戒时,你是否被众多你熟悉和不熟悉的品牌弄得眼花缭乱、无所适从? 如果你回答是,下面的分析希望能对你最后的决策有所帮助。

　　蒂芙尼、卡地亚、梵克雅宝、宝嘉丽、宝诗龙等众多国际顶尖珠宝品牌的钻饰自成风格,品质优良,这些品牌本身就是品质的最佳保证,同时,其价格往往也高得出奇,这其中,除了钻石的品质价值,品牌本身的价值占到相当大的比例。

　　品牌价值涵盖了设计、工艺、品牌知名度等很多价值不确定因素。比如卡地亚的奢华款式首饰都是采用纯手工打造,每款仅做一件,那么这件首饰的价值就包含了昂贵的设计费用、手工费用,同时也因为它的稀有性而具有了极高的收藏价值。

　　在挑选钻戒时,不少女士陷入矛盾:她们相信名牌的品质,渴望拥有这些名牌,但这些名牌的价格又让人望而却步;一些价格相对便宜的小品牌也不乏她们心仪的款式,但又担心小品牌钻石的品质。品牌对钻戒的价值究竟有多重要呢? 其实这仍然取决于你自己。

　　如果你看中的是钻戒的收藏价值,品牌是必须考虑的因素。顶尖品牌往往具有较高的收藏价值，尤其是一些限量发行的款式。而且这些品牌代表了高贵的身份和地位，最能满足女人的虚荣心。

如果你更看中的是钻石的品质，品牌其实并不是那么重要。不用担心买不到心仪的款式，很多顶尖品牌的经典款式被众多珠宝厂商所模仿和加以变化，虽然血统不是那么纯正，"混血儿"一样招人喜爱。一些新兴的小品牌也不乏优秀的设计。

那些小品牌的钻戒几乎没有什么设计费用，加工费用也相对较低，你只需要按照4C把好品质关，就能买到性价比很好的钻戒。

你戴多大号戒指？

如今，网络购物已经成为一种新的时尚购物方式。很多年轻朋友喜欢在网上购买一些小饰品，款式时尚前卫，价格又实惠，解决了追求时尚与囊中羞涩的矛盾。但在购买戒指一类的饰品时却常常遇到因为不清楚自己的尺码而无法购买或因为尺码不对需要退换货的问题。

戒指指圈的大小，称为手寸，以"号"为单位。你知道自己戴多大号的戒指吗？戒指的号码必须与自己的手寸相符，偏大或者偏小都可能造成严重的后果哦。戒指的尺码偏小，会影响手指部位的血液循环，造成手指肿胀，佩戴起来很不舒服；尺码偏大，戒指有可能在不经意间滑落丢失。我曾经看过一则新闻，一位女士因为戒指偏小，引起手指肿胀，最后求助消防救援将戒指锯断才脱离痛苦。所以，千万不要忽视这个问题，时尚爱美的你怎可以不知道自己的手寸呢？

测量方法很简单，剪一个小纸条绕指一圈，量出绕指一圈所需纸条长度，对照各面的戒指尺寸测量对照表即可得到你的戒指尺码。不过由于骨节处较大，纸条不要绕得过紧，如果查到的尺寸在两个尺码之间，请选择较大的尺码。另外需要注意，冬季人的手指会比夏季略细，所以测量时应根据季节稍做修正。

　　大部分女生佩戴的戒指号数为11～14号，其中12号、13号最多；大部分男生佩戴戒指号数为17～20号。

　　你还必须知道购买的戒指应该戴在哪个手指上。不同的手指手寸不同，佩戴戒指代表的含义也是不同的。通常，戒指戴于左手食指、中指或无名指上，另外两个指头很少戴戒指。大拇指上是不戴戒指的，戴在大拇指上的那叫扳指；食指表明现为单身，正在求偶；中指表明名花有主或已经订婚；无名指表明已婚；小指表明独身主义或离异。所以，若是订婚戒指，应戴在中指上；而结婚戒指则应该戴在无名指上，这两个手指大约相差一个号。

戒指尺寸测量对照表

参考	女式小号（较少）				女式均号				女士大号 男式小号	
港号	7#	8#	9#	10#	11#	12#	13#	14#	15#	16#
周长 (mm)	47	48	49	50	51	52	53	54	55	56
直径 (mm)	14.9	15.25	15.55	15.85	16.45	16.5	16.8	17.2	17.5	17.75
美号	4	4.5	4.77	5.25	5.6	6	6.35	6.75	7.2	7.5
参考	男式均号				男式大号（较少）					
港号	17#	18#	19#	20#	21#	22#	23#	24#	25#	
周长 (mm)	57	58	59	60	61	62	63	64	65	
直径 (mm)	18.15	18.4	18.75	19.05	19.3	19.7	20	20.3	20.65	
美号	7.5	8.25	8.7	9.05	9.5	9.85	10.25	10.3	11	

钻石为何会脱落？

终于得到爱人赠送的钻石戒指，戴在手上，甜在心里，幸福生活从此开始……不料，不久见证爱情的钻石不翼而飞，只剩下戒托还在手上……别以为这是耸人听闻，钻石脱落丢失确实时有发生。

好好的钻石，为何会脱落呢？这当然与工艺水平有关，但其实跟镶嵌方式也有关系，有些镶嵌方式本身就容易造成宝石脱落。

让我们来比较一下钻戒常用的镶嵌方式，全面了解不同镶嵌方式的优缺点，这样，在选购时就能够做到心中有数。

爪镶

爪镶是最常见的镶嵌方式，以细长的金属镶爪来抓住宝石，特别适合单粒宝石的镶嵌。可以有两爪、三爪、四爪、六爪甚至更多爪。爪镶要求爪的大小一致，间隔均匀，钻石台面水平且不倾斜。

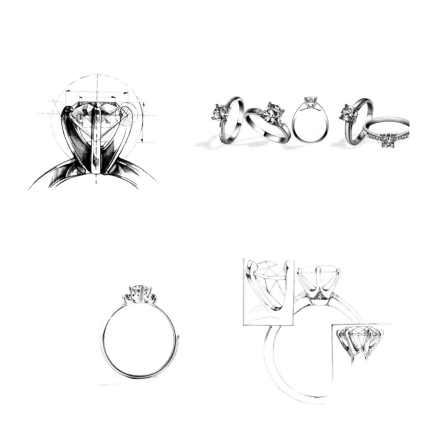

　　这种镶嵌方式最大的优点就是金属很少遮挡钻石，有点像树杈形状的底座能将钻石高高托起，使钻石更加突出醒目，清晰呈现钻石的美态，并有利于光线从不同角度入射和反射，使钻石从任何角度看起来都光芒四射。

　　爪头以及底座的形状富于变化，向外延伸的款式可以令钻石看起来更大更璀璨。爪头有圆形、方形、三角形、水滴形、心形等不同形状。比如同样是两款六爪镶嵌钻戒，钻石大小也相同，三角形向外展开的爪头镶嵌的钻戒，其钻石看起来就比圆爪镶嵌的要大。这是因为向外延伸的金属在视觉上扩大了钻石的腰围。

　　从实用性考虑，爪的数量以四爪、六爪为佳，钻石会镶嵌得比较稳固，不易脱落。两爪款式适合于镶嵌橄榄形宝石，而不适用于圆钻的镶嵌，因为两爪难以将钻石镶嵌牢固，钻石很容易脱落。爪头和底座的形状都不宜过于尖锐，否则很容易钩挂到衣服和头发，造成钻石松动。

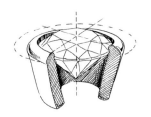

包镶

这是最牢固和传统的镶嵌方式，像给照片加框那样，将钻石腰部以下完全包裹在金属托中。包镶要求包边与钻石之间严密没有空隙，均匀流畅，光滑平整。

包镶毫不花哨的经典底座，将人们的目光完全吸引到宝石上，充分展现了钻石的亮光，光彩内敛，使钻石具有平和端庄的气质。

这种镶嵌方法因为将钻石完全包裹，因而最是牢固，且不会出现钩衣服挂头发的问题，很适合较大的钻石。

另外，边缘有缺陷的钻石，设计款式时也往往采用这种镶嵌方式，因为可以最大限度地遮蔽瑕疵。但也正是由于包镶遮蔽了钻石较多的部分，这种镶嵌方式会使得钻石看起来比实际要小。

除了传统的全包镶，现在市场上还流行一种半包的镶嵌方式。所谓半包，是用金属包住钻石腰围一部分，不是全包那种完全封闭的。这样既确保了镶嵌的稳固性，又照顾了钻石的采光需要。但需要注意的是，如果金属包住了钻石腰围的一半以上，钻石的稳固性是没有问题的；如果为了不遮住钻石，金属包住钻石腰围的部分非常少，钻石就可能有脱落的危险。

迫镶

　　这是时下较为新潮的款式，现在流行的卡镶、V字夹镶都属于此类。简单来讲，就是在两边金属上各开个浅槽，利用两侧金属施以65～95磅的压力，紧紧夹住宝石，让人感觉到宝石像是浮在空中。

　　这种镶嵌方式让钻石的裸露程度比爪镶更进一步，所以更利于展现钻石的光辉。而且比较省金属，但对镶嵌工艺的要求很高。如果工艺不精，很容易掉钻。如果是需要改手寸的戒指，尽量不要挑选这个款式。

槽镶

槽镶，也叫"轨道镶"，是一种比较安全的适合于多粒较小宝石的镶嵌方法。槽镶就像一条铁轨，将宝石整齐地镶嵌在两根平行的金属条中，清晰明朗，又不显突兀，宝石和金属呈现出各自不同的风韵。

整个戒圈镶满宝石的戒指通常就用这个镶法，宝石只有很少的一部分被遮蔽，显得整洁又不失时尚。

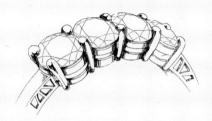

柱镶

柱镶属于复古风格，纤细的金属条将每一颗宝石独立分开，宝石侧面露出的部分则折射出美丽的光芒。假如大面积使用柱镶，同样不适合改戒指手寸，否则钻石容易脱落。

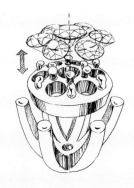

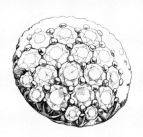

钉镶

钉镶是典型的群镶钻石的方式，复杂，但很精细别致。表面几乎看不到任何金属爪，直接在镶口的边缘用工具铲出几个小钉，用以固定钻石。由于没有金属的包围，钻石突显得格外艳丽。这种样式很容易让人联想到铺满鹅卵石的乡间小路，精致之余又给人带来怀旧的情怀。

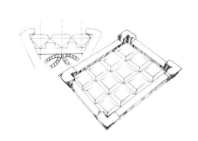

藏镶

藏镶也是一种典型的群镶钻石方式，主要适合于方形钻石的镶嵌。钻石紧密地排列在一起，镶嵌在金属较厚或面积较大的部分，金属完全藏匿在钻石下面，是一种非常稳固和持久的镶嵌方法。由于没有金属的遮蔽，这种镶嵌方式极好地展现了钻石自身的光彩。整个首饰看起来平滑干净，特别适合日常佩戴。

综上，爪镶、包镶是传统工艺的代表，经历时代的演变，风格含蓄稳重而又不失灵活多变，生命力极强，流行百十年依然经久不衰。槽镶、柱镶、钉镶和藏镶多用于群镶钻饰或成为豪华款式的点缀。迫镶则是当前时尚工艺的代表，由设计师赋予生命，变化无穷，是时下流行的新宠。

你仔细看过钻戒内侧的印记吗？

挑选钻戒时，你专注于钻石的品质、戒指的外观，是否忽视了戒指内侧的信息呢？所有正规珠宝厂商出售的任何首饰都打有印记。印记就好比产品的说明书，对首饰的许多基本信息做了说明。

印记以不影响首饰外观为原则，对于钻戒来说，最理想的部位当然是戒指内侧了。但一些顶尖品牌有时会把印记打在相当显眼的部位，甚至将其作为设计的重要部分，以彰显品牌的高贵身份。

按照国家规定，首饰字印应该包括商标、贵金属材料名称以及含量，钻饰还应该标注主石重量。要在首饰那么小的地方标注如此多的内容，字数只有尽量精简，以至于这个精致的说明书很多朋友看不懂。

其实最难懂的部分就是贵金属材料名称以及含量，因为这里涉及很多符号。用于镶嵌钻石的贵金属主要有金(Au)、铂(Pt)、钯(Pd)，它们在印记上的表达方式各不相同。

黄金K数如何计算？

我们经常能在一些首饰标签上看到"18K"字样，消费者只是大概知道这代表金，但具体的

含义却不是很清楚。

其实K数代表黄金含量，具体的计算方法是以黄金含量千分数1000‰规定为24K，根据实际含金量的千分数就可以计算出相应的K数。即，18K表示含金量为750‰的黄金。

K数与含金量对照表

K数	1K	9K	12K	14K	18K	22K	24K
‰最小值	42	375	500	585	750	916	1000

不过请注意，只有黄金才用K数来计算含量。24K的含金量为1000‰，这只是理论值，实际上这个纯度是不可能达到的。目前能达到的最高纯度为999.9‰，随着贵金属提炼技术的不断提高，将来纯度也许可以达到999.99‰甚至999.999‰，但永远不可能达到1000‰。

国内镶嵌宝石的黄金首饰基本上都是18K，而欧美等地则更流行14K和10K。为什么不用24K来镶嵌宝石呢？这是因为，纯金的硬度太低，无法将宝石镶嵌牢固，必须添加一些其他金属与黄

金组成合金才能够达到足够的硬度。K数越低，金属的硬度越高而脆性越大，所以K数太低的黄金也不适合镶嵌宝石。

　　另一个问题随之而来，既然都是黄金，为什么市场上很多白色的金属也标注"18K"呢？其实，除了24K，任何K数的黄金都不一定是黄色的。比如18K是含金量75％的黄金，那么剩下的25％就是其他的金属，这部分金属被称为"补口"。正是"补口"材料的不同决定了最终合金的硬度和颜色。

　　目前国内市场上见到的18K首饰除了黄色，还有白色和粉色，即玫瑰金；国外市场甚至还有绿色、蓝色、黑色等七彩K金。

　　用K数表示黄金含量是国际惯例，但对于消费者来说不够直观，因此很多首饰印记采用直接标明含量的方式。

　　2013年中央电视台3·15晚会让"千足金"着实火了一把。我们常说的千足金是指含金量千分数不小于999的金，印记为"千足金"、"999金"、"GOLD999"或"G999"；足金指含金量千分数不小于990的金，印记为"足金"、"990金"、"GOLD990"或"G990"。它们的含义与"24K"是相当的，都不能用于镶嵌宝石。市场最常见的18K金往往被标注为"G750"或者"750"。

　　至于商品的实际含金量是否达到印记标注的含量，这不是我们普通消费者能够解决的问题，只能依靠政府部门加强监管，企业加强自律。

　　有些价格便宜的首饰采用的是表面包金或镀金的方式，也就是通过物理或者化学方法在其他金属表面覆盖一层很薄的K金。包金标注为"KF"，镀金标注为"KP"或"KGP"。这种金属表面的光泽与相应K数的黄金一样，但价格却与真正的K金相差甚远，因此一定要仔细看清楚印记。比如印记"18KGP"，说明首饰只是表面镀有18K金而不是真正的18K金。

Pt、Pd务必看清

钻石其实更多是用铂金来镶嵌的。铂，化学元素符号Pt，是最为稀有的首饰用白色金属，无论从颜色还是稀有性上都与钻石更加相配。

足铂指含铂量千分数不小于990的铂金，印记为"足铂"或实际含量。与足金一样，足铂同样因为硬度较低而无法镶嵌宝石。

目前市场上主流的铂金钻戒印记为"Pt950"或"铂950"。现在你应该知道950的含义了吧。没错，这是铂含量的千分数。早些时候曾流行过"Pt900"，即含铂量90％的铂，但在中国人的消费观点里，越纯的才是越好的，所以随着950的面世，900很快被市场淘汰了。其实950和900在外观上几乎看不出什么差别，欧美人更青睐相对划算的Pt900产品。

钯，另一种稀有的白色贵金属，化学元素符号Pd，与铂同属一族。钯首饰的纯度范围在500‰～990‰，常见的钯金钻戒印记为"Pd950"，即含量为95％的钯。

　　Pd与Pt只有一个字母的差别，但其价格却不到Pt的1/4，因此购买时务必看清印记。尤其是参加一些商家推出的铂金钻戒以旧换新活动时需要格外小心，如果用旧的Pt950钻戒换回新的Pd950钻戒，可就吃亏了。

钻戒与手型的搭配

　　人的手型各不相同，有的人手指修长，有的人手指比较粗短，在选择钻戒时，我们应该根据手指的形状来选择相应的钻石形状和戒指款式。与手型呼应的钻戒，可以让你的手指在视觉上更加秀美靓丽。

短指型

　　手指短小的人应该尽量选择有拉长效果的钻戒来弥补手型的缺陷。钻石的形状宜选择橄榄形、梨形或者椭圆形，这些形状具有牵引视线的作用，会使视线沿它所指向的方向而延伸，无形当中就起到了拉长手指的作用。最好避免圆形以及方形的钻石。戒指的款式应避免厚重复杂的设计，最好选择简洁的直线或斜线设计，可以让手指显得修长。

长指型

手指修长的人可以选择具有体积感的钻戒来增添手型的魅力。圆形、方形以及心形的钻石都很适合。款式上应选择一些宽条、多层的设计，让手指看起来更动人。这时要避免梨形、橄榄形等长形钻石和直线形款式，它们会令你的手指看起来过于瘦长。如果手型偏瘦，则应选择华丽夺目一些的款式。

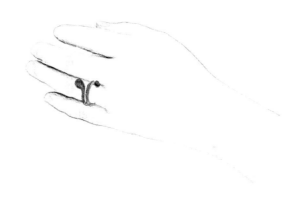

粗壮型

　　这种手型看起来短而结实，给人的感觉是硬气有加而纤柔不够，因而在选择钻戒时应该掌握以柔克刚的原则。钻石不宜选择心形和方形，否则手指看起来会更粗壮。戒指应尽量挑选那些线条柔美，带有一些扭曲的款式，粗细必须得当，切忌过粗，这样会显得手指更短；也不宜过细，过细与较粗的手指又不相称，让人感觉手指更粗。

中等指型

如果你的手型属于中等，那么挑选钻戒时几乎没有什么禁忌。这种手指是佩带戒指的最佳手型，任何色彩、任何款式的戒指戴在这种手指上都会熠熠生辉。可以根据自己的喜好和风格佩戴任何款式的钻戒。只要戒指没有长过你的指关节、宽过你的手指，都会让你的手型显得更加婀娜多姿。

走出钻石消费误区

无钻不成婚的观点似乎已经深入人心，中国每年约有1000万对新人结婚，已成为亚洲最大的钻石消费国，全球第五大钻饰消费市场。世界钻石首饰消费量约560亿美元，中国目前占5%，且正以每年15%的速度增长。世界钻石理事会常务理事、南非国家钻石委员会主席安比·切卡恩认为，随着改革开放的不断深入和经济的迅猛发展，中国将在不久的未来成为世界最大的钻石消费市场。

尽管在国际钻石市场的地位显著提高，但我们的很多消费观念仍然缺乏理性，存在很多误区。

误区一　钻石必须至纯至净

很多女性在挑选钻戒时慎之又慎，唯恐有一丝半点的瑕疵。不少女性认为，钻石中有内含物，就表明这颗钻石的质量不好，不纯净，甚至认为不值得购买。事实上，正如我们前面介绍的那样，几乎所有的钻石都会不同程度地具有内含物，它们是钻石形成过程中所保留的天然印记，记录了钻石形成的漫长而奇妙的过程，更是每颗天然钻石不可或缺的特征。只要是肉眼不可见的瑕疵（SI以上），完全不会影响钻石的美观，所以没有必要过分追求高净度，过度的完美主义只会使你与心爱的钻石失之交臂。

误区二　国际品牌质量就好

很多女性相信国外品牌的珠宝首饰比国内品牌好，品质更佳，工艺更精；32％的消费者认为从国外购买钻石饰品服务质量有保证。

当然，卡地亚、蒂芙尼等国际一线品牌，其首饰的品质和服务是不容置疑的，但是也有相当一部分国外品牌的珠宝首饰，和国内的著名品牌相比，不论从宝石的品质，还是加工的工艺，都差不多，有的甚至还比不上国内品牌，但价格却比国内品牌高出很多，有的甚至高出几倍。也有一些国内珠宝商，看准了很多人的这种迷信国外品牌的心理，将品牌的注册地选在国外，以"洋身份"赚取更高的利润。

钻饰的绝大部分价值还是体现在钻石本身，选购时应该注重钻石本身的品质，而不要太过强调品牌，更不要盲目地崇拜所谓的"洋品牌"。

误区三　一定要买"南非钻石"

这个问题我在第一章里已经详细介绍过。钻石的品质完全取决于4C，而与产地没有任何关系。无论是钻坯还是成品钻石，我们其实都无法确切地知道其产地。所以在选购钻饰时，不用刻意关注产地，也不要听信商家宣传的产地，因为这毫无意义。你希望钻石产自哪里，商家就会告诉你产自哪里，反正任谁也无法考证。

误区四 钻石价格越贵越好

有些人在买钻饰时，由于不懂如何评判钻石的品质，又怕买到品质不好的钻石，就会选择价格昂贵的钻饰。这是很多人消费时的思维方式，认为价格越贵，品质必定越好。

诚然，品质好的钻石价格会更贵，但是价格贵的钻石却不一定品质就更好。

比如，同样颜色、净度级别的1克拉钻石，标准圆钻型切割的就比公主方型切割的要贵。这并能不说明圆的品质更好，而是因为圆钻切割成品率低。

钻石的品质由颜色、净度、切工和克拉重量四个方面决定，其中重量对价格的影响比重很大，重量越大，价值越高，但是精明的人却会购买偏小的钻石，为什么呢？

我在第二章已经介绍过"克拉溢价"，也就是钻石的价格在重量的整数关口会有较大的涨幅，这就使得珠宝商在切割钻石时会想尽一切办法保留成品的重量，比如保留腰部的原始晶面或者将钻石的腰部加厚。腰部的原始晶面过大有时会影响钻石的净度级别，而腰部加厚则有可能削弱钻石的光彩，因为钻石的璀璨光芒需要借助完美的切割比例来体现。1克拉的钻石往往比相同颜色、净度级别的0.99克拉的钻石价格高出约30%。那么，在价格更贵、腰围偏厚的1克拉钻石与比例完美、光彩夺目的0.99克拉钻石之间，你会选择哪个呢？

在选购钻戒时，应该综合考虑钻石的品质、戒指的款式以及自身的经济能力，而不要过分追求某一个方面。总之，你应该记住"没有最好，只有最适合"。

勿入钻石消费陷阱

挑选结婚钻戒本应该是件甜蜜幸福的事，可是如果选购过程中不幸掉入这样或那样的商业陷阱，除了损失钱财，还会让人心情不悦，给美好的回忆留下阴影。

商家总会通过各种促销手段来提高销量，这其实无可厚非，但如果采用的是一些欺诈性的手段，就成为消费陷阱，必须警惕。俗话说：买的没有卖的精。我希望你在了解了下面介绍的陷阱之后，成为与卖家一样精明的买家。

陷阱一 高价高折迷惑你

市面上钻石虚高标价的问题一直存在，先虚标高价格，然后以1折甚至0.7折的高折扣销售，这已成为不少地方钻石销售的常见模式。特别到节庆日，"打折"的幅度更大。

据调查，55％的消费者认为打折钻石值得信赖，会选择商场打折的时候购买钻石。消费者往往被巨大的折扣所迷惑，过分迷信折扣，而忽略了商品本身的品质和服务。

我接触过一些这样的朋友，去买东西时首先问打几折，折扣不满意便头也不回地离去，根本不看商品。其实不论折扣高低，精明的消费者应始终保持清醒的头脑，折扣是虚的，品质才是实的！这种高价高折或虚假打折的问题在珠宝首饰业和其他很多行业都存在，任何时候面对商家打折，都应该谨慎对待。

陷阱二　超低价格诱惑你

经常可以在一些直销节目里看到"998元的克拉钻"，大家在任何时候都不要相信类似这样的宣传。

商家最常用的招数是用一些名称里面带"钻"字的商业名称来混淆视听，偷换概念。一会儿说是"克拉钻"，一会儿又变成"奥地利水钻"。其实这种所谓的"克拉钻"最有可能就是第三章里介绍的合成立方氧化锆。

还有一些号称是配有权威机构鉴定证书的"998元的南非真钻"，不要以为有证书，是真钻，就一定划算。这些钻石通常又小又黄，而且净度很差，基本是大钻切割剩下的边角料再简单切磨的产物，价格很低。证书一般是"小证书"，即只鉴别钻石真伪，不对钻石进行分级，因为按照国家标准，20分以上的钻石才开始分级。小证书的检测费用也比分级证书低得多。所以，这样的钻石饰品即使只卖998元，商家仍然有巨大的利润空间。

陷阱三　以旧换新忽悠你

很多商家在出售钻饰时提供以旧换新业务，买家可以终生享受"换购"服务，即每年都可以将旧的钻饰换成新的。这样的促销手段对于那些喜欢追逐时尚、希望经常变化饰品款式的女士来说，的确有很大的吸引力，但是是否划算却值得商榷。

商家的换购服务有很多限制，比如换购的钻石大小需逐年递增，补上差价；换购的钻饰需在商家指定的范围之内，而最新的款式往往不在这个范围。国际贵金属和钻石的价格都是不断变化的，每年钻石价格的涨幅在3%～5%，国际金价更是没有涨幅限制，商家会根据国际行情制定相应的换购政策。因此，在换购时，除了注意换购的钻石的品质是否与原有钻石相当，还应该根据行情精打细算一番来确定是否划算。

上述换购是一些商家针对老顾客的一项终身服务，而临时推出的面向所有消费者的以旧换新活动要格外当心。有些不法商家会用Pd950钻戒来换取消费者手中的Pt950钻戒，从中牟取利益。

教你估算钻戒成本

钻戒档案

颜色：F

净度：VVS$_2$

石重：0.50ct

材质：G18K

金重：3.56g

　　归根到底，抵御各种陷阱的最佳办法就是了解商品真实合理的价格。对于钻饰，什么价格才是合理的价格呢？这就需要你知道如何估算一件首饰的成本。

　　一件钻饰的制造成本包括钻石价格、金属价格以及加工费用三大部分。我就以上面的钻戒为例，一步步教你核算成本的方法。

钻石价格

　　这部分内容我们在第二章讲计算钻石重量的时候就介绍过了，现在再来简单回顾一下。首先根据钻石重量在国际钻石报价表中找到相应的报价表格，再根据颜色和净度级别查出克拉单价，计算钻石价格。

　　在报价表中查到的数字是50，即这个级别的钻石1克拉的单价是：50×100=5,000（美元）。那么这粒钻石的价格为：

　　5,000×0.50=2,500（美元）

不过珠宝商在批发钻石时，按照国际报价表的价格有一定的折扣，所以我们算出来的价格可能比实际偏高。

金属价格

国际贵金属的价格每天都在变化，实时行情在网上很容易查到，核算成本时可以采用当日的金价作为参考。国际行情所报的价格都是最高纯度的贵金属价格，报价单位是"美元/盎司"。假如当日查阅的行情，黄金报价为1,727美元/盎司，说明当日纯度为999.9‰的黄金，价格是1,727美元/盎司。那么钻戒所用的G18K的价格就需要换算一下。

1盎司＝31.1035克

所以G18K的价格是：

1,727÷999.9×750≈1,295（美元/盎司）

1,295÷31.1035≈41.6（美元/克）

由于首饰加工过程中，金属约有15％的损耗，这枚钻戒的金属价格是：

3.56×（1+15%）×41.6≈170（美元）

这一部分对于数学不太好的朋友来说可能比较费劲，当然你也有更为简便的方法。一般商场珠宝柜台都会公布当天的贵金属价格，可以直接用每克金的人民币价格乘以加上损耗的金重就是金属价格了。这样可以省去繁琐的换算过程。

加工费用

钻戒加工费用根据戒指款式和材质有较大差别。18K金的镶嵌加工费用从几十元到几百元不等。单粒钻石的镶嵌费用一般从几十元到上百元，钻石越大，镶嵌费用越高。花式切割钻石的镶嵌费用比标准切割钻石略贵。款式越复杂，所镶嵌的钻石越多，加工费用越高，因此群镶款式的加工费用都较高。此表格仅作为参考，具体的加工费用，不同地方、不同厂家有较大差异。

这枚钻戒的加工费用大约是6美元。如果采用Pt950镶嵌，费用大约是18K的5倍甚至更多。

加工费用参考价格表

钻石主石		辅石			
		侧面爪镶		迫镶、碎钻	
重量ct	$/个	重量ct	$/个	重量ct	$/个
<0.05	3.00	<0.06	3.00	<0.03	3.75
<0.19	4.00	<0.17	3.50	<0.05	5.50
<0.29	4.50	>0.17	4.00	<0.12	7.25
<0.49	5.25			<0.30	9.00
<0.75	6.00			>0.30	12.00
<1.00	9.00				
<1.50	10.50	微镶		0.8$/颗	
<2.00	12.00	群镶或花式切割		5.75$/颗	
<3.00	13.50	钉镶		2$/颗	

钻戒的合理价格

将上述三部分价格合起来，我们已经可以计算出这枚钻戒的制造成本是：

2,500+170+6＝2,676（美元）

折合成人民币，大约是17,000元。不过17,000元不是我们所说的合理价格，还必须考虑商家的合理利润。现在计算的成本在下面的毛利率计算公式中记为CTI（单位：人民币元），按照毛利率公式就可以算出这枚戒指的市场零售价。

CTI×2.5＝零售价

（CTI—500）×2+1,250＝零售价

（CTI—1,000）×1.6+2,250＝零售价

（CTI—3,000）×1.4+5,450＝零售价

（CTI—5,000）×1.3+8,250＝零售价

（CTI－10,000）×1.2＋14,750＝零售价

（CTI－25,000）×1.19＋32,750＝零售价

CTI超过50,000，CTI×1.25＝零售价

根据CTI的大小选择对应的公式，如果CTI小于500，选择第一个公式；如果CTI大于500而小于1,000，选择第二个公式；以此类推。这枚钻戒的CTI为17,000元，我们应该选择第六个公式，代入后计算出它的市场零售价为：

（17,000－10,000）×1.2＋14,750＝23,150（元）

当然，这样的估算有较大的误差。因此，在最终计算所得到的价格的基础上，上下浮动30％的范围是我们认为的合理的价格范围。如果钻戒的价格高出这个范围显然不划算，如果大大低于这个范围就需要谨防陷阱了。

请注意，此方法不包括设计费用和起版费用，适用于目前市场上绝大部分钻饰，但不适用于一些国际知名品牌的设计作品和一些获奖设计作品。

谁是国内最权威的鉴定机构?

不论在哪里购买钻饰，都应该有权威机构颁发的鉴定证书，因为证书保证了钻石的真实和品质。

虽然国际权威机构的鉴定证书具有国际公信力，但国内市场销售的绝大部分钻石不具备这样的国际身份证，而是在国内的检测机构进行鉴定分级。

目前全国各地大小检测站有几十家，检测人员水平良莠不齐。一般检测站对钻石真伪进行鉴别都不会有太大问题，而对于钻石的级别划分，尤其是颜色和净度级别，完全根据分级人员的主观判断，因而对检测人员的要求非常高。

有些检测站，名称很响亮，证书却经常出错，甚至有人为做假的情况。那么作为普通消费者，怎么判断证书优劣呢？众多的检测站，谁才是真正的权威呢？

有人说，"国检"最权威。没错，"国检"当然是最权威的机构，但是似乎我们见过的"国检"证书有众多版本，这又是怎么回事呢？

国家珠宝玉石质量监督检验中心（National Gemstone Testing Centre， NGTC），简称国

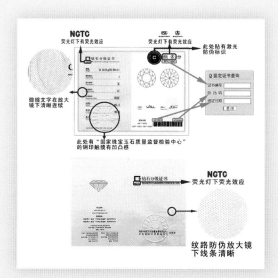

NGTC新版纸质折页钻石分级证书

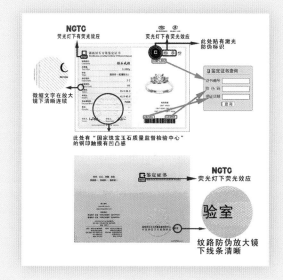

NGTC新版纸质卡式镶嵌钻石分级证书

检，是由国家有关主管部门依法授权的国家级珠宝玉石专业质检机构，也是国内最权威的钻石检验机构。请注意，只有NGTC才是业界普遍认可的国检，其他一些国字号珠宝检验机构，有时候也简称为"国检"，但权威性却不及NGTC。

国检除了面向社会提供委托检验服务，还承担国家的市场监督检验、仲裁检验、进出口商品检验，制定、修订相关的国家标准等多项任务，在规范国内珠宝市场、促进珠宝行业健康发展方面起着重要指导作用。

除北京总部之外，国检还在上海和深圳设有两个检测中心，并与中宝协宝玉石检测中心正式合并，于2007年6月1日推出有强大防伪功能的新版宝玉石鉴定证书。

国际上，钻石都是先检验后镶嵌，因而分级证书都是针对裸钻的。然而在国内，很多钻石是先镶嵌后检验。由于镶嵌以后钻石的部分瑕疵可能被金属遮蔽，颜色也会受到金属的干扰，所以对镶嵌钻石的分级没有裸钻那么精确。

目前，国检针对裸钻和镶嵌钻石分别颁发钻石分级证书和镶嵌钻石分级证书。钻石分级证书分为三折页和折页两种，镶嵌钻石分级证书分为纸质卡式、纸质折页以及PVC卡式三种。

除了国检之外，由各地质量技术监督局授权的省级珠宝玉石检测中心也是值得信赖的机构。这些机构颁发的证书上都有中国计量认证标志（CMA）、产品质量监督检验中心授权标志（CAL）和中国合格评定国家认可委员会国家实验室认可标志（CNAS）。

CMA标志由"CMA"三个英文字母组成的图形和该中心计量认证证书编号两部分组成。证书编号中"Z"指"国家级"计量认证。计量认证是我国通过计量立法，对为社会出具公证数据的检验机构进行强制考核的一种手段。经计量认证合格的产品质量检验机构所提供的数据，可以为产品质量评价、成果及司法鉴定提供公正数据，具有法律效力。

CMA

CAL

CNAS L XXXXX

　　CAL标志由"CAL"三个英文字母组成的图形和本中心授权证书编号两部分组成。证书编号中"国认监认字"指"国家级"授权中心。该标志代表检验机构具有一定的实力和检验能力，经国家授权，承担国家监督抽查及检验任务。具有此标志的检验报告有权威性并具法律效力。

　　CNAS标志表明该中心的检测能力和设备能力通过中国合格评定国家认可委员会认可。我国实验室认可机构是国际实验室认可合作组织（ILAC）的正式成员，并签署了多边承认协议（MRA）。这为逐步结束国际贸易中重复检测的历史，实现产品"一次检测，全球承认"的目标奠定了基础。不少有CANS标志的证书上同时具有国际互认ILAC-MRA标志。

第五章

悄然兴起的彩钻

　　奥斯卡的红地毯从来都引领着全球的时尚前沿，近年来，我们在奥斯卡这样的重要颁奖礼的红地毯上，越来越多地看到光彩夺目的彩色钻石首饰。随着全球彩色宝石的兴起，铁杆的钻石粉丝们也开始不满足于单一的颜色。一时间，彩钻热潮从美国开始在全球范围内迅速升温。

天然彩钻产自何方？

彩钻极为稀有。在自然界，大约一万颗天然钻石里面才能够产出一颗彩钻。到底什么是彩钻呢？我们都知道钻石的成分是非常纯的碳，当由于一些偶然的原因，一些微量的杂质元素进入钻石后，就有可能导致钻石呈现出各种美丽的色彩，这时的钻石就成了彩钻。天然彩钻的色彩之丰富让人不可思议，从很淡的黄、粉、棕到极为浓艳的蓝、橙、红，可以是你能想到的任何颜色。

关于天然彩钻最早的文字记录来自于一位法国珠宝商让·巴蒂斯特·塔维涅（1605—1689年）的游记。他多次前往印度搜寻珍稀的宝石，但只去当地最著名的三个矿区Raolconda、Gani Colour和Soulempou。两颗举世瞩目的名钻——"光明之山"和"希望"，由塔维涅从印度带往欧洲，呈现在世人面前。

18世纪20年代，巴西米纳斯吉拉斯省发现了一些闻名于世的钻石。其中最著名的一颗就是"穆沙耶夫"——5.11克拉的红色三角形钻石，这是迄今世界上最大的一颗天然红色钻石。

这些色彩丰富的天然彩钻来自于世界各地，不过某些地区产出特定颜色的天然钻石。

20世纪80年代，澳大利亚西部的阿格利矿发现粉色钻石，并迅速成为全球粉钻的唯一产出

地。阿格利矿产出的粉钻，颜色比早前发现的绝大部分粉钻颜色更深。2012年初，阿格利产出了历史上最大的一颗粉色钻石，重达12.76克拉。除了粉钻，阿格利矿还产出数量较多的蓝紫色和棕色钻石。

　　1902年开产的南非库里南矿（现在更名为普米尔矿），这里产出数量较多的天然蓝色钻石。另外，天然绿色钻石通常来自于南美洲的圭亚那，天然紫红色钻石较常来自于俄罗斯，天然黄色钻石来自于世界各地，不过今天很多天然黄钻来自于澳大利亚的艾伦代尔。

什么颜色的彩钻最好？

在天然彩钻众多颜色中，最为珍贵的要数红色、紫色和橙色，它们产量极为稀少，是可遇而不可求的珍品。然而在红地毯上最受青睐的彩钻颜色却是显著而明亮的黄色，黄色也因此成为最广泛流行的天然彩钻颜色。

下面我们就以黄色为例，来看看究竟应该怎样看待颜色的好坏吧。

绝大部分天然钻石里面含有微量的氮原子，当氮原子以原子团的形式存在于钻石晶体结构中的特定位置时，它会吸收掉自然光谱中蓝色区域的光线，从而使钻石产生黄色调，这种黄色调的范围很广，可以非常纯正，也可能偏橙、绿或者棕色调。

当一颗钻石含有两种甚至三种色调时，我们会采用"修饰色+主色"的描述方式，比如greenish yellow，说明黄色是主要的色调，还有少量的绿色调。如果两种色调的比例相当，分不出主次，那么描述会变成green-yellow。有时候对于同一主色，我们会看到不止一个修饰色。当然，对于任何一种色调而言，好的标准都是色调纯正而不偏，所以最好的颜色应该是能够被描述为没有修饰色的单一主色。

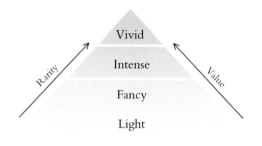

彩钻颜色强度与价值的关系

除了看色调是否纯正，颜色的强度也是影响价值的重要因素。国际专业实验室将彩钻颜色的强度划分为四个主要级别，价值由高到低依次是vivid、intense、fancy和light。这里的强度是对颜色的饱和度和明度两个方面的综合表达。

尽管目前关于彩钻分级的具体标准还存在一些有争议的地方，但总体的评价方法和原则是一致的。GIA提出的以色调、明度和饱和度三方面综合评价颜色的fancy-grade分级体系受到业界的广泛认可，其具体的颜色评价方法我们可以参考右侧的两张图。

以黄色为例，在色调相同的情况下，颜色明度较亮时，随着饱和度（saturation）的升高，颜色级别的范围从light、fancy、intense一直升高到vivid；随着颜色明度（tone）变暗，棕色往往会成为颜色修饰的一部分，颜色也会更饱和，级别范围从fancy、dark一直到deep。因此，最终天然黄钻的颜色被划分为六个级别，由低到高分别是fancy light, fancy, fancy dark, fancy intense, fancy vivid和fancy deep。

前面讲到的"好望角系列"的钻石也都或多或少地带有黄色调，它们和黄色彩钻的区别在哪里呢？彩钻的颜色要有足够的饱和度，至少应该达到fancy-grade分级体系中的fancy light级别才行。也就是说，要比4C体系中的Z色还要黄，否则只能回到4C体系中D-Z的颜色等级中去。

有一点需要注意，在4C分级体系中，观察颜色可以从钻石的任何角度进行，只要保持一致就可以。然而在观察彩钻时，我们只评价正台面的颜色。

黄色并不是最稀少的天然彩钻颜色，而这也恰恰是黄钻能够流行的一个重要因素。现在市场

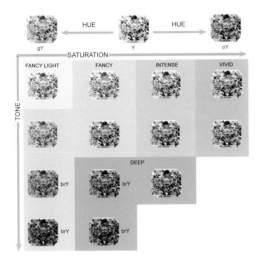
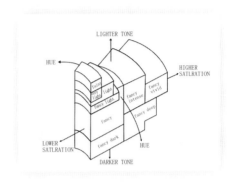

上供应的天然黄钻，颜色从fancy light到fancy vivid，大小从零点零几克拉到上百克拉都有，可以满足我们不同的选购需求。在一定的预算范围内，我们可以选择颜色较浅、颗粒较大的，也可以选择颜色较艳、颗粒较小的。现在市场上卖得最好的颜色是fancy yellow。总之，找到适合我们的天然黄色钻石相对容易，而其他颜色极为稀少的彩钻就真是可遇而不可求，没得挑了。

各种混合色调加上不同的饱和度，使得彩钻的颜色丰富异常。我们完全不用担心天然彩钻会千篇一律，但这也让我们在选择彩钻时犯了难：这么多颜色，到底什么颜色才是最好的呢？很多人在选购珠宝时会不自觉地追求"最好"，即使明知道"最好"不在自己的经济范围之内，也要以"最好"作为参考。这种消费心理很自然，无可厚非。对于这个问题，我觉得时尚女王Coco Chanel女士给出的回答最为精辟：

"The best color in the whole wide world is the one that looks best on you."

彩钻的颜色会变吗？

我们花大价钱买回来的彩钻颜色会变吗？这个问题也许会让刚刚对彩钻有点冲动的你心头一紧。绝大部分的天然彩钻颜色十分稳定，但确实有一部分彩钻的颜色会发生变化。

假如一颗天然绿色钻石被加热到一个很高的温度，它可能永久地变成黄色或者棕色。当一些天然粉色钻石长时间暴露在强烈的阳光下时，也有可能会变得比原本的颜色偏棕色很多。

还有一部分天然彩钻的颜色会在受热或其他情况下发生短暂变化，然后恢复，它们被称为"变色钻石"。这种短暂变色是如何发生的，至今都是宝石学界的一个谜。

GIA的传奇宝石学家鲍勃就曾亲眼见证过这种不可思议的神奇现象。一次，他受邀到一个收藏家朋友家里看一颗刚买到不久的钻石。这位朋友小心翼翼地从保险柜里拿出一个精美的首饰盒，兴致勃勃地告诉鲍勃，这是他见过的最漂亮的绿色钻石。然而盒子打开的刹那，两个人都傻眼了，里面分明是一颗黄色钻石，哪有什么绿色钻石啊？接下来发生的事情，让他们更加惊讶。几分钟后，这颗钻石恢复了它原本的颜色，果然是一颗颜色极美的绿色钻石！这怎么可能？要不是鲍勃亲眼所见，他怎么也不会相信会有这样的钻石存在。

　　如今，虽然我们还不能解释这种现象发生的原因，但GIA已经对这种实实在在存在的"变色钻石"有了初步的认识。这种变色持续的时间很短暂，通常是几分钟，有时甚至是几秒钟。变化的颜色往往与钻石本来颜色的强度有关，原本颜色越弱，变化的颜色往往更弱；而原本颜色越强，变化的颜色也相对越强。比如原本是fancy light gray-green（浅灰-绿）的钻石，变色时颜色就可能更弱，也许进入4C分级中的Y-Z色；而原本是fancy deep green-yellow（深绿-黄）的钻石，变色时有可能出现vivid yellow（艳黄色）这样较强的颜色。

　　现在GIA的分级师们在对彩钻的颜色进行分级时，如果怀疑分级对象是"变色钻石"，他们会将钻石放到灯箱中观察一段时间，以确保最终评定的颜色是这颗钻石稳定时的颜色。

　　并非所有颜色的钻石都会出现这种变色的现象，事实上，GIA的分级结果显示，具有这种现象的钻石仅仅在一个很小的颜色范围内出现，即带有灰色调或棕色调的绿色和黄色。所有的"变色钻石"在长波（365nm）紫外灯下都显示很强的黄色或橙色荧光，而这个颜色区间的其他钻石在紫外灯下通常是不发荧光的。

　　"变色钻石"的变色现象令人印象深刻，它们十分稀有，因此宝石鉴赏家们对这种神奇的"变色钻石"赞誉有加。然而绝大部分的消费者至今对它们都闻所未闻。

哪些因素会影响彩钻的价值？

在所有宝石中，没有什么比彩钻更能吸引眼球，而它的价值也的确值得你拥有。谈到价值，任何宝石的终极价值总离不开物以稀为贵的道理。钻石本就稀少，彩钻又是钻石中的万里挑一，稀有程度不言而喻。具体来说，影响彩钻价值的有以下几个因素。

颜色的稀少程度和级别

前面我们谈到，好的颜色应该纯正而不偏，因此混合色调通常会降低彩钻的价值，但在一些特殊的情况下，混合色调也有可能提升其价值。具体的还是要看颜色本身的稀少程度，颜色越少见，价值自然越高。

国际天然彩钻协会（NCDIA）对天然彩钻颜色的稀少程度做了这样的划分：

稀少：棕色、黑色、灰色

非常稀少：黄色

极为稀少：绿色、蓝色、粉色

最为稀少：红色、紫色、橙色

不论哪种颜色，都存在颜色级别的差异，正如我们前面讲到的，颜色级别越高，自然越稀少，价值也越高。就拿天然黄钻来说，虽然数量相对较多，但能够达到vivid级别的只有5%。此外，颜色的均匀度也会对价值产生影响。这个不难理解，当然是颜色越均匀，价值越高。

天然彩钻的价格区间极大，相对多见的黑色、棕色和灰色钻石，国际市场售价大约2,500美元/克拉；而最为稀少的红色、橙色钻石，售价可能高达1,500,000美元/克拉。

石头的尺寸

其实所谓尺寸就相当于前面我们讲的4C分级体系中的最后一个C，即克拉重量。这很容易理解，颗粒越大越稀有，价值自然越高。但尺寸也跟颜色密切相关，不同颜色的彩钻，尺寸是不可同日而语的。比如前面我们提到过，目前世界上最大的红色钻石"穆沙耶夫"仅重5.11克拉，而最著名的黄钻"欧纳特"重达101克拉，且还不是尺寸最大的黄色钻石。

钻石的琢型

在世界钻石切割中心，安特卫普、纽约、以色列和印度，每天都有数以万计的钻石被拥有熟练切割技巧的钻石切磨师精心打磨着。与无色钻石不同，彩钻往往被切割成各种各样的花式琢型而不是统一的标准圆钻型。这是因为，在设计彩钻的切割方式时，我们考虑的首要因素是如何使台面最大化，同时还要兼顾闪烁的效果以及原料的利用率。

彩钻最为流行的琢型方式是放射型、垫型和心型。通常，圆钻型、心型、公主方型和祖母绿型会比放射型、垫型、梨型和椭圆型更贵。这是由于这些琢型在加工过程中重量损失较大，加工难度更高或者内在需求更大。

在决定一颗彩钻的颜色级别和亮度方面，琢型起到了重要作用。通过调整台面的位置以及

香港佳士得2009年秋季拍品：拍卖史上品
质最顶级的粉色钻石

颜色：Fancy vivid pink
净度：IF
重量：5.00ct
估价：HK$35,000,000～55,000,000
成交价：HK$83,540,000
每克拉成交价：US$2,160,000

香港佳士得2009年秋季拍品

颜色：Fancy vivid yellow
重量：9.03ct
估价：HK$7,200,000～9,000,000
成交价：HK$11,860,000
每克拉成交价：US$169,000

图片来源：佳士得官方网站

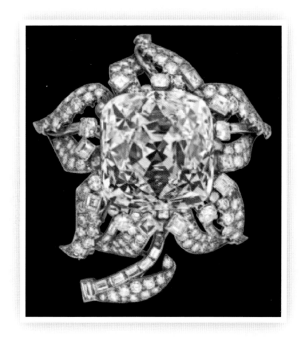

　　"欧纳特"黄钻，以它的前任拥有者马桥·阿尔弗莱
德·厄尼斯特·欧纳特（1896—1969年）的名字命名，
重达101.29克拉，被许多专家誉为"历史上最重要的黄
色钻石之一"。"欧纳特"经由卡地亚设计镶嵌于一枚
极为独特的花瓣形胸针上，一直保存至今。2000年GIA对
"欧纳特"的颜色分级结果为fancy vivid yellow，是当
时GIA分级过的最大的一颗fancy vivid黄钻。如今"欧纳
特"被纽约一位匿名收藏家收藏。

亭部的角度，颜色的强度可以得到显著提高。有时为了获得更好的效果，我们会牺牲重量，一些彩钻甚至会被切割多次直到颜色达到最佳状态。然而由于钻石是按克拉重量来销售的，所以任何一丁点儿重量的损失，最终都会核算到成本中，并在价格上得到体现。举例来说，颜色级别达到vivid的粉钻和蓝钻，每克拉的售价超过100万美元。换句话说，加工过程中每损失1分（0.01克拉）的重量，就损失掉1万美元。

钻石的净度

天然彩钻净度级别的划分标准与无色钻石是一致的，然而天然彩钻内部的包体相对于无色钻石更难被观察到。这是由于天然彩钻内在的颜色有时会使得包体显现相同的颜色。也就是说，同样的包体，天然彩钻的净度级别有可能比无色钻石高。

对于无色钻石，很难说颜色和净度哪个对价格的影响更大；然而，对于天然彩钻，颜色对价格的影响显然是最重要的。相对于前几个因素，净度对天然彩钻价格的影响几乎是最小的。

在选购天然彩钻时，完全没有必要刻意地追求完美的净度。一方面，颜色才是影响天然彩钻价值的首要因素；另一方面，不同颜色的天然彩钻由于形成环境不同，总体净度是有差异的。有些颜色的天然钻石总体净度的确比其他颜色要差。

比较典型的例子是阿格利产出的天然粉钻，这种令人梦寐以求的颜色是钻石在极高的压力下晶体的晶格出现扭曲而形成的，所以往往净度较差。在阿格利2011年提供的55粒天然粉钻中，GIA对它们的净度分级结果只有7%达到VS，22%是SI_1，剩下的71%都只有SI_2或P_1的净度级别。

相反，天然蓝钻由于生长于氮元素比较少的环境，往往具有较高的净度。根据GIA1998年的报道，29%的天然蓝钻净度级别达到IF以上（相当于国标的LC），21%是VVS，34%是VS，仅有16%是SI或P级。

购买彩钻的重要提示

虽然彩钻是现在国际市场上买家的新宠，但你要知道，彩钻的颜色并不一定是天然的哦。现在有不止一种方法对钻石的颜色进行处理，这些方法可以改变或优化钻石的颜色。有些彩钻甚至是人工合成的。

最知名的改色方法是高温高压处理，它可以使一些棕色钻石产生棕黄色、橙黄色、绿色、蓝色甚至粉色。这种处理方法即便是在常规的宝石鉴定实验室都很难鉴别，更别说普通消费者自己来鉴别了。

辐照处理也是钻石改色常用的方法之一，这种方法较常出现的颜色有绿色、蓝色、黄色和黑色。辐照处理的鉴别通常需要极为专业的光谱仪，这同样不在普通消费者的能力范围之内。

改色彩钻和合成彩钻的价值自然没法跟天然彩钻相提并论。天然彩钻之所以具有极高的价值，正是因为其颜色完全源自自然的神奇力量，每一颗都独一无二、与众不同。但对于普通消费者来说，要自己判断彩钻颜色是否天然形成几乎是不可能的。尽管相关行业协会要求商家公开标示颜色处理方法，然而不幸的是，并不是所有商家都这么做。

相信改色和合成彩钻并不是我们大多数人期望的，也或许你并不在意颜色是否天然，只要漂亮就行，但至少不能用天然彩钻的价格买到一个改色或者合成的彩钻啊。所以，在购买彩钻时，一定要选择带有国际权威检测机构（比如GIA）鉴定证书的钻石，以确保钻石颜色来源的天然性。

以GIA的彩钻鉴定证书为例，在color grade（颜色级别）一栏又有三个子项目：origin（来源）、grade（级别）和distribution（分布）。origin一栏显示的就是颜色来源是否天然，如果是天然彩钻，这一栏当然是natural（天然的）；可如果是改色或者合成的彩钻，这一栏会显示treated（处理的）、irradiated（辐照的）、synthetic（合成的）等不同于天然的描述。Grade一栏即我们前面讲到的"fancy-grade"体系中的级别以及颜色，如fancy light yellow。Distribution一栏描述的是颜色分布的均匀程度，如even。

最后，再重申一遍购买彩钻的重要提示：一定要选择带有国际权威检测机构（比如GIA）鉴定证书的钻石，以确保钻石颜色来源的天然性。

第六章

钻石饰品需要精心呵护

你是否觉得心爱的钻石不如在珠宝店时光彩照人？千万不要因为钻石坚硬无比就对它满不在乎。其实，珍贵的钻石饰品更需要你在日常精心呵护，以长久地保持它的魅力。

日常佩戴需注意

切忌碰撞

在这本书的第一章，我就说过了钻石不是"巨无霸"。钻石虽然是自然界最坚硬的物质，能抵抗任何东西的刻划，却不能遇到强烈的撞击。这是由于钻石的晶体结构中存在原子结合力相对较弱的方向，当遇到强烈撞击时，钻石很容易沿着这个结合力弱的方向裂开，这种性质在宝石学中称为解理。

镶嵌好的钻石，腰部是最脆弱的。尤其是爪镶、迫镶这样的款式，钻石腰部大范围暴露在外，因此，在佩戴钻饰时，应尽量减少剧烈的活动，否则心爱的钻石有可能遭到重创，在腰部沿着解理的方向裂开，出现V形的小缺口哦。

远离化学品

日常生活中我们免不了接触各种各样的化妆品和洗涤用品。这些物品中的很多化学元素都可能损害到你宝贵的钻饰，因而在接触这些物品时，请先取下你的钻饰。

这倒不是因为化学元素会与钻石起什么化学反应，钻石的化学性质非常稳定，这些化学品损害的是镶嵌钻石的金属，会使金属褪色或产生斑点。比如汞就会让黄金变"白"，失去原有光泽，而几乎所有的美白化妆品里面都含有汞。K金饰品里面或多或少都含有银、铜等易氧化的元素，化妆品或者洗涤用品里面的硫、氯等元素很容易使它们氧化变黑。

想象一下，衬托钻石的金属如果暗淡无光或者遍布斑点，钻石的光彩是不是也会受到影响呢？

避免油污

有些人会认为戴着钻戒洗碗是一举两得的事情，洗碗的同时还可以清洗钻石，结果却发现钻石反而越洗越脏。这是怎么回事呢？

钻石具有亲油斥水的性质，如果接触到油污，油脂可以轻易附着到钻石表面，掩盖钻石的光芒。而且洗涤剂中往往含氯，对金属也有损害。

同样，佩戴过程中如果发现钻石表面不干净，切忌直接用手去擦，因为皮肤上的油脂同样会附着在钻石表面，影响光泽。

不适宜佩戴的季节

佩戴钻饰与季节还有关系吗？其实这仍然是从金属的角度来考虑的。

在北方，春秋风沙季节里就应该减少佩戴饰品。风沙中有大量的石英颗粒，它们的硬度比首饰上金属的硬度高得多，很容易将金属磨损而使得首饰失去原有的光泽。

在南方，夏季炎热季节里佩戴首饰也需要格外注意。夏季首饰都为贴身佩戴，人的汗液对金属具有腐蚀作用，因而出汗后应该及时清洗饰品。

钻饰清洗妙方

由于钻石具有亲油性，表面很容易因油脂而影响光泽，定期清洗对于保持钻石的光彩很重要。炎热季节里，钻石饰品更是应该每天清洗。

清洗钻石饰品最好使用首饰专用的清洗液或者性质温和的中性洗涤剂，将饰品在其中浸泡几分钟，一些难以清洗的部位可以用软毛刷轻轻刷洗，然后用清水冲洗干净，最后用柔软的棉布或丝绸擦干。切记：使用毛刷时动作一定要轻柔，否则有可能在金属上留下擦痕甚至可能造成镶嵌部位损伤，影响钻石的安全。

一般珠宝店都有免费清洗的服务，送到珠宝店进行专业的清洗是很明智的选择。珠宝店通常会使用专业的超声波清洗机对首饰进行清洗。只要你的钻石没有明显裂隙，都可以放心地采用这种清洗方法；如果有裂隙，最好避免用超声波清洗机，因为清洗过程中的震动有可能扩大裂隙，造成严重的后果。

如果你是时尚一族，饰品丰富，不妨为你心爱的首饰们投资一台家用超声波清洗机，价格200元左右，可以到专门的珠宝首饰用品商店购买，网络也是理想的购买渠道。这样可以为你省

去经常跑珠宝店的时间，随时在家里清洗你的宝贝。除了清洗首饰，超声波清洗机还可以成为清洁家居小物品的好帮手，比如，它还可以清洗眼镜、手表、打印机喷头，甚至难洗的雕花金属餐具。

定期保养很重要

很多人都知道爱车需要定期保养，但很少有人知道心爱的钻石饰品也需要定期保养。其实，正如保养对车很重要一样，保养对钻石饰品也至关重要。

钻石饰品应该每半年或一年送到专业珠宝店进行保养，除了清洗之外，更重要的是检验钻石镶嵌的牢固程度，如果发现镶托磨损或者钻石松动，可以及时修复，千万不要等到丢了钻石才追悔莫及。我们已经介绍过，有些镶嵌方式本身就容易造成钻石脱落，而且日常佩戴过程中免不了这样那样的小磕碰，因此专业的保养检验就显得非常必要。

用于镶嵌钻石的金属总会有磨损，饰品的保养也包括对金属的再抛光，这样才能保证你的钻饰历久弥新，光彩依旧。

钻饰巧存放

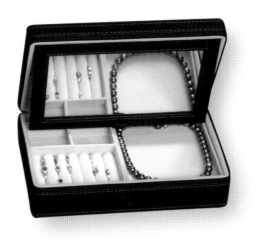

　　钻石饰品在不戴时应该妥善收藏起来，千万不要将它与其他饰品一起散放在抽屉或者首饰盒里，因为钻石会划伤其他的首饰，镶嵌钻石的金属也有可能被划伤。理想的收藏方法是用软布将饰品分别包起来存放在首饰盒里，这样既节省了空间，又避免了饰品之间的相互摩擦。

第七章

你想投资钻石吗？

　　不久前，有珠宝商推出了一项钻石增值回购的新业务，只要你在指定专柜购买0.5克拉以上钻石，商家承诺每年按原价上浮3%的价格回购。这也就意味着，如果你花15,000元购买了符合要求的钻戒，佩戴1年后，只要钻戒没有损伤，不但可用钻戒换回之前付出的15,000元，还能获得额外的450元收益。

　　白戴1年钻戒，到时还能拿到3%的回赠，这样天上掉馅饼的好事让很多人坚信钻石是值得投资的品种，青年男女更是对此兴趣盎然。虽然这3%的增值相比银行储蓄高不了多少，但毕竟有钻戒可以戴，比存银行更具吸引力啊。

　　不过任何投资都不能够盲目进行，钻石当然也不例外。钻石真的是理想的投资品吗？在你有投资钻石的想法并付诸实际行动之前，必须要进一步了解钻石以及钻石市场。

钻石投资者必须知道的戴·比尔斯

　　戴·比尔斯集团是全球最大的钻石矿业公司，其下属有戴·比尔斯联合矿业有限公司、戴·比尔斯百年公司及其他控股公司。

　　戴·比尔斯联合矿业有限公司，1888年成立于南非，主要掌握了南非的原生钻矿以及钻石砂矿。戴·比尔斯百年公司是戴·比尔斯联合矿业有限公司的姊妹公司，1990年成立于瑞士卢塞恩，主要掌握着戴·比尔斯在南非之外的资产，包括与博茨瓦纳、纳米比亚及坦桑尼亚等国政府合作开采矿山。

　　一百多年来戴·比尔斯的钻石采矿及回收技术在全球一直首屈一指，更是唯一一家全力专注于钻石业的公司。目前，戴·比尔斯掌握占全球总产值近六成的钻石。这些钻石都经由其下属的国际钻石贸易公司（DTC）专门负责销售。DTC每年分选、评价及销售全球大部分宝石级的钻坯，

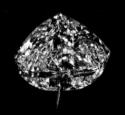

是全球首屈一指的钻石供应商，其经典的宣传语"钻石恒久远，一颗永留传"，更是将钻石带入千家万户，让戴·比尔斯家喻户晓。

戴·比尔斯始终走在钻石科技的前端，这归功于其对研究和发展部的大力投入。戴·比尔斯的研究和发展部设计及制造各种先进机械，使钻石业的各个领域，包括勘探、开采、回收、分选、评级以及切割和打磨等均取得革命性发展。

投资钻石需谨慎

网络上，强调钻石具有稳定增值潜力的文章比比皆是，但真相并不如许多人以为的那么美妙。钻石绝非稳赚不赔！

虽然钻石每年产量有限，但这并不能保证它的价格只涨不跌。事实上，近20年钻石的价格走势只能以"惨淡"来形容。在1980年的商品牛市中，钻石价格同样被炒高，但伴随牛市结束，钻石价格暴跌超过60%，在此后的20年间，钻石价格在一个很小的窄幅区间内波动。

当然21世纪开始商品牛市重现，钻石价格逐步走出低谷，向上攀升。正因如此，许多投资者开始重新看好钻石的升值潜力。但无论多少人看好钻石后市，也无论钻石走牛的可能性有多大，如同令人琢磨不透的股市一样，没有人能保证钻石稳赚不赔，对这方面的风险要有充分认识。

更何况并非所有的钻石都有投资潜力。以钻石业权威鉴定机构HRD公布的价格统计看，1克拉以上钻石1995年以来升值了30.7%，但0.5克拉的钻石价格却下降了4.28%，0.25克拉的也下降了4.2%。因此即使要投资钻石，也应以1克拉以上为宜，且要品质优良，并不是所有的钻石都值得投资。

　　还有一个钻石投资者不得不考虑的问题，那就是钻石好买不好卖。虽然钻石确有升值潜力，但未必是好的投资对象。

　　从上海钻石交易所从事钻石批发业务的一些专业人士那里，我们不难了解到，钻石虽然可以很方便地从珠宝商那里买到，但对普通消费者而言，要出售获利却很麻烦。绝大多数珠宝商不提供回购业务，消费者个人只能通过拍卖、网上交易或典当等渠道将钻石出售变现，而通过这些渠道出售的价格往往会比市场价格低出不少，所以即使你买入的钻石有升值，也很容易被这个差价蚕食殆尽。

　　另一个更严重的问题在于，目前市场上钻石报价比较混乱，折扣参差不齐，如果没有足够的钻石知识，消费者很容易以大大高于合理价格的价位买入，这样即使钻石价格总体走势趋好，也不意味着你买入的钻石就有增值潜力。

　　在选购钻石之前，你不妨到诸如www.pricescope.com或www.diasource.com这类的钻石报价网站，查看一下美国市场同类型钻石的平均价。比如，一颗钻石在pricescope查的参考报价折合人民币为2.2万元，diasource查的参考报价为2.6万元，商家的报价如果远远高于或者低于这个价格都是应该引起你足够的警惕的。

　　钻石无疑是女性的最佳饰品，但作为一种投资产品，必须非常谨慎。套用股市的经典宣传语——"钻石有风险，投资需谨慎"。至于钻石增值回购业务，毕竟还是新事物，如果你正好打算买钻戒，不妨一试。如果仅仅只为那3%增值，我个人觉得还是银行更为稳妥。

附　录

附录1

中华人民共和国国家钻石分级标准（GB/T 16554–2010）节选

范围

本标准适用于天然的未镶嵌及镶嵌抛光钻石的分级。

当样品同时满足以下条件时，本标准适用：

未镶嵌抛光钻石质量大于等于0.0400g(0.20ct)；镶嵌抛光钻石质量在0.0400g(0.20ct)至0.2000g(1.00ct,含)之间；

未镶嵌及镶嵌抛光钻石的颜色为无色至浅黄（褐、灰）色系列；

未镶嵌及抛光钻石的切工为标准圆钻型；

未镶嵌及抛光钻石未经覆膜、裂隙填充等优化处理；

质量小于0.0400g(0.20ct)的镶嵌及未镶嵌抛光钻石分级可参照本标准执行。

术语

钻石 diamond

是主要由碳元素组成的等轴（立方）晶系天然矿物。摩氏硬度10，密度3.52（±0.01）g/cm^3，折射率2.417，色散0.044。

使用"钻石"名称不考虑产地。

钻石分级 diamond grading

从颜色（colour）、净度（clarity）、切工（cut）及质量（carat）四个方面对钻石进行等级划分，简称4C分级。

颜色分级

颜色级别：

按钻石颜色变化划分为12个连续的颜色级别，用英文字母D、E、F、G、H、I、J、K、L、M、N、<N代表不同的色级。亦可用数字表示，详见表1。

钻石颜色级别对照表

钻石颜色级别		钻石颜色级别	
D	100	J	94
E	99	K	93
F	98	L	92
G	97	M	91
H	96	N	90
I	95	<N	<90

净度分级

净度级别：

分为LC、VVS、VS、SI、P五个大级别，又细分为LC、VVS_1、VVS_2、VS_1、VS_2、SI_1、SI_2、P_1、P_2、P_3十个小级别

对于质量低于（不含）0.0940g(0.47ct)的钻石，净度级别可划分为五个大级别。

净度级别的划分规则：

LC级：

在10倍放大镜下，未见钻石具有内外部特征。下列情况仍属LC级：

额外刻面位于亭部，冠部不可见

原始晶面位于腰围内，不影响透明度

钻石内、外部有极轻微的特征，轻轻微抛光后可去除

上述情况对以下级别划分不产生影响

WS级：　　　在10倍放大镜下，钻石具有极微小的内、外部特征、细分为WS_1、WS_2

　　　　　钻石具有极微小的内、外部特征，10倍放大镜下极难观察，定为WS_1级

　　　　　钻石具有极微小的内、外部特征，10倍放大镜下很难观察，定为WS_2级

SI级：　　　在10倍放大镜下，钻石具有细小的内、外部特征，细分为SI_1、SI_2

P级：　　　钻石具有明显的内、外部特征，肉眼可见，定为P_1

　　　　　钻石具有很明显的内、外部特征，肉眼易见，定为P_2

　　　　　钻石具有极明显的内、外部特征，肉眼极易见，定为P_3

切工分级

测量项目：

规格

单位：毫米(mm)，精确至0.01；

最大直径；

最小直径；

全深；

比率

比率测量取整数，必要时精确至0.5

台宽比、冠高比、腰厚比、亭深比、全深比、底尖比、冠高，单位：度，精确到0.5

比率分级

比率级别分为：很好、好、一般三个级别

修饰度分级

修饰度级别：

在10倍放大镜下分为：很好、好、一般三个级别

影响修饰度的要素：

钻石刻面留有抛光纹；

钻石腰围不圆；

冠部与亭部刻面尖点未对齐；

刻面尖点不够尖锐；

同种刻面大小不均等；

台面和腰部不平行；

腰呈波浪形；

钻石的质量

质量的单位

钻石的质量单位为克(g)，准确度为0.001钻石贸易中仍可用"克拉(ct)"作为质量单位。

1.0000g=5.00ct

钻石的质量表示方法为：在质量数值后的括号内注明相应的克拉值。例0.2000g(1.00ct)。

质量的称量

用准确度是0.0001g的天平称量。质量数值保留至小数点后第4位，换算为克拉值时，保留至小数点后第2位。克拉值小数点后第3位逢9进1，其他忽略不计。

钻石分级证书

钻石分级证书的基本内容：

基本内容是钻石分级证书中必须具备的内容。

证书编号

质量

规格

表示方式：最大直径×最小直径×全深

颜色级别及荧光强度级别

净度级别

切工

比率：应有最大直径、最小直径、全深、台宽比、腰厚比、亭深比、底尖比的测量值

修饰度级别

净度素描图

签章和日期

其他

钻石分级证书中可选择的内容，如：比率级别、颜色坐标、净度坐标、备注等。

附录2

国际钻石报价

国际钻石报价单（Rapaport Diamond Price List）是每周五由纽约钻交所提供给全球珠宝商、钻石商与钻石切割厂进行交易的价格依据，主要供业内人士使用。国际钻石报价要在Rapaport官方网站上付费之后才可以拿到，全球的钻石批发商、零售商提出申请并通过审核后才可以进入该网站。一般从网上能看到的报价单在时间上有一定的滞后。

国际钻石报价是钻石国际市场上的批发价，通过公式：钻石价格=报价单价格×100×重量×美元汇率，就可算出一颗钻石的价格。下面摘录的是2013年3月22日的报价单：

国际钻石报价单（部分）　　　　**单位：百美元**

0.8~0.14（克拉）参考价								
COLOR	IF−WS	VS	SI$_1$	SI$_2$	SI$_3$	I$_1$	I$_2$	I$_3$
D−F	12.0	10.0	7.8	6.5	5.8	5.1	4.4	3.8
G−H	10.0	8.8	7.0	6.0	5.6	4.6	4.0	3.6
I−J	8.5	7.5	6.4	5.5	5.0	4.5	3.9	3.3
K−L	6.7	6.0	5.2	4.4	3.8	3.3	2.8	2.3
M−N	4.5	4.0	3.5	3.1	2.8	2.3	1.8	1.4

0.15~0.17（克拉）参考价							
COLOR	IF—WS	VS	SI_1	SI_2	SI_3	I_1	I_2	I_3
D—F	13.5	12.2	8.7	7.5	6.7	5.5	4.6	3.9
G—H	12.0	10.2	8.0	6.7	5.8	4.9	4.1	3.6
I—J	10.0	8.8	7.0	6.1	5.2	4.5	4.0	3.3
K—L	7.5	7.0	5.4	4.9	4.0	3.5	2.9	2.4
M—N	5.5	4.6	3.9	3.4	3.1	2.4	1.9	1.7

0.18~0.22（克拉）参考价							
COLOR	IF—WS	VS	SI_1	SI_2	SI_3	I_1	I_2	I_3
D—F	15.0	13.0	9.3	8.3	7.3	6.0	5.0	4.2
G—H	13.5	11.5	8.8	7.5	6.6	5.5	4.7	3.8
I—J	11.0	9.9	7.7	6.6	5.6	4.9	4.2	3.6
K—L	9.0	7.7	6.4	5.4	4.6	4.1	3.2	2.6
M—N	7.5	6.6	5.4	4.3	3.8	2.9	2.2	1.8

0.23~0.29（克拉）参考价							
COLOR	IF—WS	VS	SI_1	SI_2	SI_3	I_1	I_2	I_3
D—F	18.0	16.0	11.5	9.7	8.5	7.0	5.6	4.5
G—H	16.0	13.5	10.0	9.0	7.7	6.5	4.9	4.1
I—J	13.0	11.0	8.3	7.2	6.5	5.3	4.3	3.7
K—L	11.0	9.5	7.2	6.4	5.8	4.5	3.5	2.8
M—N	9.0	7.8	6.2	5.4	4.7	3.4	2.7	2.1

COLOR	IF	WS₁	WS₂	VS₁	VS₂	SI₁	SI₂	SI₃	I₁	I₂	I₃
0.30～0.39（克拉）参考价											
D	44	36	31	28	25	21	19	17	15	11	7
E	36	32	28	26	23	20	19	17	15	10	6
F	32	29	25	23	21	19	18	16	14	9	6
G	29	27	24	22	20	18	17	15	13	8	5
H	26	24	22	21	19	17	16	14	12	8	5
I	23	21	20	19	17	16	15	13	11	7	5
J	20	18	17	17	16	15	14	12	10	7	4
K	18	17	16	16	15	14	13	10	8	6	4
L	16	15	15	14	13	12	10	8	6	5	3
M	14	13	13	12	12	11	9	7	5	4	3

COLOR	IF	WS₁	WS₂	VS₁	VS₂	SI₁	SI₂	SI₃	I₁	I₂	I₃
0.40～0.49（克拉）参考价											
D	50	44	38	36	29	25	22	19	16	12	8
E	44	39	35	32	27	24	20	18	16	11	7
F	39	36	32	29	26	23	19	17	15	11	7
G	36	32	30	28	25	22	19	16	14	10	6
H	32	30	28	26	23	21	18	15	13	9	6
I	28	26	24	23	21	20	17	14	12	8	6
J	25	23	21	20	18	17	16	13	11	8	5
K	23	21	19	18	17	16	14	11	9	7	5
L	20	19	28	16	15	14	12	10	7	6	4
M	17	16	16	15	14	13	10	8	6	5	4

0.50～0.69（克拉）参考价										
COLOR	IF	WS_1	WS_2	VS_1	VS_2	SI_1	SI_2	SI_3	I_1	I_2	I_3
D	90	70	61	53	47	38	31	26	22	17	12
E	69	60	55	50	43	35	29	25	21	16	11
F	59	55	50	48	41	32	27	23	20	16	11
G	56	50	47	43	37	30	25	21	19	15	10
H	50	45	41	38	34	28	24	20	18	14	9
I	43	39	35	32	29	24	22	19	16	13	9
J	34	32	29	27	24	22	21	18	15	12	8
K	29	27	24	22	21	20	19	16	14	11	8
L	24	22	21	20	19	18	16	15	13	10	7
M	22	20	19	18	17	16	15	14	12	9	6

0.70～0.89（克拉）参考价										
COLOR	IF	WS_1	WS_2	VS_1	VS_2	SI_1	SI_2	SI_3	I_1	I_2	I_3
D	117	89	78	68	63	53	46	39	31	20	13
E	90	79	71	63	58	51	44	37	30	19	12
F	79	71	63	61	53	49	42	35	29	18	12
G	70	64	59	53	48	44	39	33	28	17	11
H	63	59	53	48	44	42	36	31	26	16	11
I	52	50	47	44	41	37	31	27	24	15	11
J	41	39	37	34	32	31	29	25	22	14	10
K	34	32	30	28	26	24	22	20	17	13	10
L	30	28	26	24	22	21	19	18	16	11	9
M	28	26	24	22	21	19	18	17	15	10	7

COLOR	IF	WS$_1$	WS$_2$	VS$_1$	VS$_2$	SI$_1$	SI$_2$	SI$_3$	I$_1$	I$_2$	I$_3$
D	168	130	114	90	76	70	62	51	40	22	15
E	130	115	101	81	72	66	60	49	39	21	14
F	113	101	88	76	69	64	56	47	38	20	14
G	101	88	76	69	63	59	53	44	35	19	13
H	87	76	70	62	59	55	50	41	33	18	13
I	72	64	61	56	53	51	45	38	31	17	12
J	63	56	52	49	47	45	40	34	28	16	12
K	47	44	42	40	38	36	33	28	23	15	11
L	41	39	37	35	33	31	29	25	21	14	10
M	39	37	34	32	30	29	27	23	19	13	10

0.90~0.99（克拉）参考价

COLOR	IF	WS$_1$	WS$_2$	VS$_1$	VS$_2$	SI$_1$	SI$_2$	SI$_3$	I$_1$	I$_2$	I$_3$
D	284	202	176	137	114	83	71	59	47	27	17
E	201	174	142	118	100	80	68	57	45	26	16
F	170	141	119	110	90	77	66	55	44	25	15
G	133	119	109	90	83	74	63	53	46	24	14
H	108	101	90	81	75	68	60	50	41	23	14
I	90	85	76	71	66	63	56	46	37	22	13
J	77	71	68	65	60	55	52	42	32	20	13
K	67	63	59	57	54	49	45	37	30	18	12
L	54	52	50	48	46	43	39	33	28	17	11
M	49	45	43	39	37	35	32	28	25	16	11

1.00~1.49（克拉）参考价

1.50～1.99（克拉）参考价										
COLOR	IF	WS_1	WS_2	VS_1	VS_2	SI_1	SI_2	SI_3	I_1	I_2	I_3
D	347	250	218	181	152	112	90	71	54	31	18
E	248	216	186	164	139	109	87	69	51	30	17
F	214	185	162	144	124	104	83	66	50	29	16
G	169	153	139	123	112	98	79	64	49	28	16
H	137	128	116	108	98	89	74	60	47	27	16
I	111	107	101	91	84	77	67	55	43	25	15
J	97	89	86	79	72	65	61	49	38	23	15
K	78	75	71	69	63	58	52	43	35	20	14
L	65	62	60	57	54	50	46	39	32	19	13
M	55	51	48	45	43	42	40	34	28	17	13

2.00～2.99（克拉）参考价										
COLOR	IF	WS_1	WS_2	VS_1	VS_2	SI_1	SI_2	SI_3	I_1	I_2	I_3
D	522	390	342	291	213	157	118	84	65	34	19
E	388	341	293	250	191	147	116	81	63	33	18
F	341	293	256	216	179	138	112	78	61	32	17
G	269	229	201	173	155	130	107	73	59	31	16
H	197	191	175	155	130	118	101	68	56	30	16
I	153	149	141	124	111	104	91	62	52	28	16
J	119	115	111	102	91	87	77	57	48	25	16
K	110	106	101	94	87	81	68	53	43	24	15
L	90	85	80	76	71	64	58	47	38	23	14
M	75	73	70	66	59	54	47	40	30	22	14

COLOR	IF	WS$_1$	WS$_2$	VS$_1$	VS$_2$	SI$_1$	SI$_2$	SI$_3$	I$_1$	I$_2$	I$_3$
				3.00~3.99（克拉）参考价							
D	1025	670	576	463	356	225	157	97	78	40	21
E	666	582	490	407	325	208	152	92	73	38	20
F	579	490	412	340	301	188	147	87	68	36	19
G	445	389	340	297	245	171	133	82	66	35	18
H	327	305	276	245	198	149	123	78	64	34	18
I	242	228	217	193	163	122	109	73	60	32	17
J	186	178	176	160	137	109	99	66	54	29	17
K	159	148	144	132	115	100	85	60	48	27	16
L	115	113	111	106	93	76	64	52	42	26	16
M	100	97	94	85	78	68	57	47	34	25	16

COLOR	IF	WS$_1$	WS$_2$	VS$_1$	VS$_2$	SI$_1$	SI$_2$	SI$_3$	I$_1$	I$_2$	I$_3$
				4.00~4.99（克拉）参考价							
D	1115	757	689	558	436	271	188	102	86	45	23
E	757	689	592	500	412	267	183	97	81	43	22
F	689	592	524	451	373	242	179	92	77	41	21
G	519	461	422	393	320	213	164	86	72	39	20
H	388	269	335	310	262	188	154	81	66	37	20
I	281	267	247	228	199	159	135	77	62	35	19
J	228	218	204	184	165	140	120	70	56	33	18
K	189	179	170	155	141	115	100	64	51	31	17
L	136	126	116	112	102	85	75	56	45	29	16
M	116	107	102	97	87	75	63	51	37	27	16

后记

　　本书从最初筹划到最后出版历时好几年，之所以用了这么久的时间，一方面是其间我经历了成为人母的重要人生历程，分散了很多精力；另一方面，是因为受制于图片，图片的拍摄完成远远落后于文字的撰写。在这么长的时间里，尽管我不断地努力完善本书的内容，希望能给读者一本有用的书，但自觉不可能面面俱到，且自己能力有限，难免有疏漏和不尽如人意之处，希望广大读者批评指正，不胜感激。书中少数引用图片经多次尝试均无法联系到图片的版权所有者，但由于科普需要还是列入了书中，如版权所有者看到此书，请与我联系（邮箱：siobhanxie@163.com）。

　　本书能够顺利出版，除了自己的努力，要感谢太多太多的人。

　　首先我要感谢我的父母，感谢他们几年间无私地帮助我照顾孩子，让我有更多精力投入工作中。还要感谢我的爱人，中国地质大学珠宝学院的裴景成老师。从本书筹划到撰写的整个过程中，他给予了我大力的支持和帮助，不但给了我很多专业的意见，并且为了书中图片能够达到精美的印刷效果，全力投资相机、灯箱、三脚架等各种摄影器材以及相关拍摄素材，积极参与拍摄，对此我心里充满深深感激。

　　还有一个人必须感谢，那就是武汉大学出版社的编辑夏敏玲老师。没有她的坚持不懈，本书可能早就夭折。正是她的坚持不懈和不断鼓励，让我在几度试图放弃时最终坚持完成了本书。

　　还有很多给予本书帮助的朋友，潘崇杰、吴键华、魏国建、夏妍、严思思、陈寅蒙、郤艺丰等，在此一并表示感谢。